建工考试

建设工程施工管理

全彩版

考霸笔记

全国二级建造师执业资格考试考霸笔记编写委员会　编写

U0361297

中国建筑工业出版社

中国城市出版社

全国二级建造师执业资格考试考霸笔记

编写委员会

蔡　鹏　炊玉波　高海静　葛新丽　黄　凯　李瑞豪

梁　燕　林丽菡　刘　辉　刘　敏　刘鹏浩　刘　洋

马晓燕　千成龙　孙殿桂　孙艳波　王竹梅　武佳伟

杨晓锋　杨晓雯　张　帆　张旭辉　周　华　周艳君

前　言

从每年建造师考试数据分析来看，建造师考试考查的知识点和题型呈现综合性、灵活性的特点，考试难度明显加大，然而枯燥的文字难免让人望而却步。为了能够帮助广大考生更容易理解考试用书中的内容，我们编写了这套"全国二级建造师执业资格考试考霸笔记"系列丛书。

本套丛书是由建造师执业资格考试培训老师，根据"考试大纲"和"考试用书"对执业人员知识能力要求，以及对历年考试命题规律的总结，通过图表结合的方式精心组织编写的。本套丛书是对考试用书核心知识点的浓缩，旨在帮助考生梳理和归纳核心知识点。

本套丛书共 5 分册，分别是《建设工程施工管理考霸笔记》《建设工程法规及相关知识考霸笔记》《建筑工程管理与实务考霸笔记》《机电工程管理与实务考霸笔记》《市政公用工程管理与实务考霸笔记》。

本套丛书包括以下几个显著特色：

考点聚焦　本套丛书运用思维导图、流程图和表格将知识点最大限度地图表化，梳理重要考点，凝聚考试命题的题源和考点，力求切中考试中 90% 以上的知识点；通过大量的实操图对考点进行形象化的阐述，并准确记忆、掌握重点知识点。

重点突出　编写委员会通过研究分析近年考试真题，根据考核频次和分值划分知识点，通过星号标示重要性，考生可以据此分配时间和精力，以达到用较少的时间取得较好的考试成绩的目的。同时，还通过颜色标记提示考生要特别注意的内容，帮助考生抓住重点，突破难点，科学、高效地学习。

[书中红色字体标记表示重点、易考点、高频考点；蓝色字体标记表示次重点]

贴心提示　本书将不好理解的知识点归纳总结记忆方法、命题形式，提供复习指导建议，帮助考生理解、记忆，让备考省时省力。

此外，为了配合考生的备考复习，我们开通了答疑QQ群：1169572131（加群密码：助考服务），配备了专业答疑老师，以便及时解答考生所提的问题。

为了使本书尽早与考生见面，满足广大考生的迫切需求，参与本书策划、编写和出版的各方人员都付出了辛勤的劳动，在此表示感谢。

本书在编写过程中，虽然几经斟酌和校阅，但由于时间仓促，书中不免会出现不当之处和纰漏，恳请广大读者提出宝贵意见，并对我们的疏漏之处进行批评和指正。

目 录

2Z101010 施工方的项目管理

【考点1】建设工程项目管理的类型（☆☆☆☆☆）

1．建设工程项目管理的内涵 [17、20 单选]

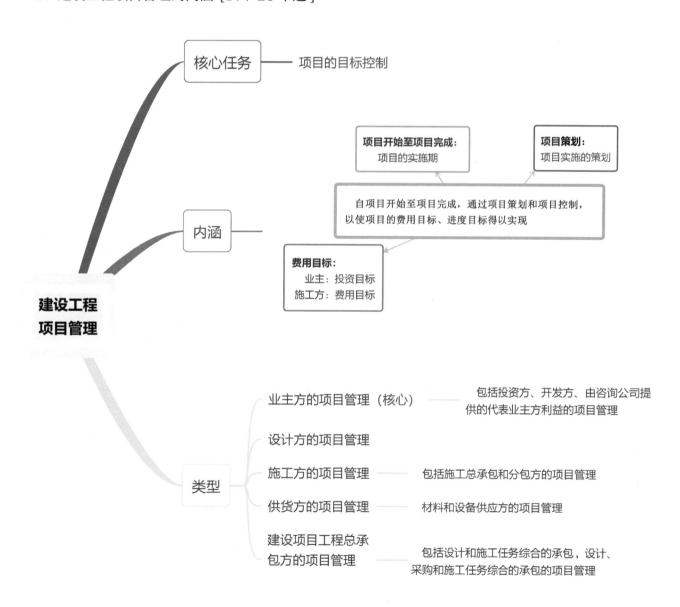

提示 工程管理是全寿命周期的管理，项目管理是实施阶段的管理，任务是实现费用、进度和质量目标。

2. 建设工程项目各参与方项目管理对比 [14、15、16、17、18、19、21 第二批单选]

参与方（五方）	利益归属	阶段	目标			管理任务
			费用（投资）	进度	质量	
业主方	业主的利益	涉及实施阶段	项目的投资	项目动用、交付使用	满足标准规范、业主方要求	3控3管1协调
设计方	项目整体及本身利益	涉及实施阶段，主要是设计阶段	项目的投资＋设计的成本	设计进度	设计质量	
供货方	项目整体及本身利益	涉及实施阶段，主要是施工阶段	供货的成本	供货进度	供货质量	
工程总承包方	项目整体及本身利益	涉及实施阶段	项目的总投资＋总承包方的成本	项目的进度	项目的质量	
施工方	项目整体及本身利益	涉及实施阶段，主要是施工阶段	施工的成本	施工的进度	施工的质量	

提示 本考点考试时涉及的采分点有三：一是"阶段"；二是"目标"；三是"任务"。
（1）各个主体都是要服务于自身利益，还要服务项目整体利益。
（2）各个主体的项目管理都涉及实施阶段，侧重的阶段不同。

3. 建设工程项目的决策阶段和实施阶段工作任务 [13、16 单选]

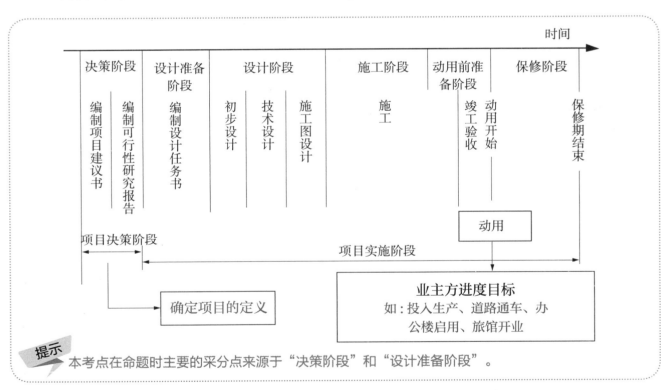

提示 本考点在命题时主要的采分点来源于"决策阶段"和"设计准备阶段"。

【考点2】施工总承包方与施工总承包管理方管理任务（☆☆☆☆）
[14、17、18、19、20、22 单选]

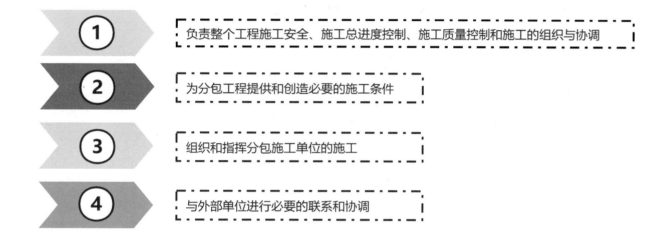

① 负责整个工程施工安全、施工总进度控制、施工质量控制和施工的组织与协调

② 为分包工程提供和创造必要的施工条件

③ 组织和指挥分包施工单位的施工

④ 与外部单位进行必要的联系和协调

提示 首先掌握一个相同点：管理的任务和责任；一个不同点：合同主体。

施工总承包管理方不与分包方、供货方合同直接签订合同，由业主方签订。

施工总承包（执行＋组织）：既管分包又要自己干活；施工总承包管理（组织）。

施工总承包管理方一般不承担施工任务，可投标获得。

分包方必须服务施工总承包或施工总承包管理方的项目管理。

【考点3】建设项目工程总承包的特点（☆☆☆）[13、15 单选]

（1）**基本出发点：** 借鉴工业生产组织的经验，实现建设生产过程的组织集成化。

（2）**主要意义：** 不在于总价包干，也不是"交钥匙"，其核心是达到项目建设增值服务的目的。

2Z101020 施工管理的组织

【考点1】组织论的基本内容（☆☆☆）[13、17 单选，13、20、21 第一批多选]

提示 组织结构模式和组织分工是静态的组织关系。组织结构模式反映指令关系。

工作流程组织是一种动态关系，反映逻辑关系。

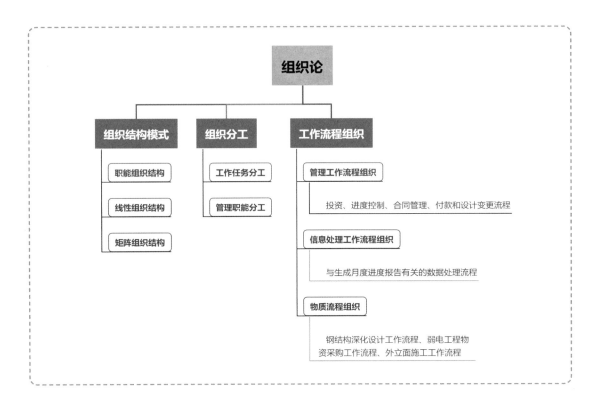

【考点 2】项目结构分解与编码（☆☆☆）[15、16 单选，18 多选]

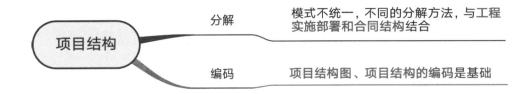

【考点 3】管理职能（☆☆☆）[17、18 单选，17、19 多选]

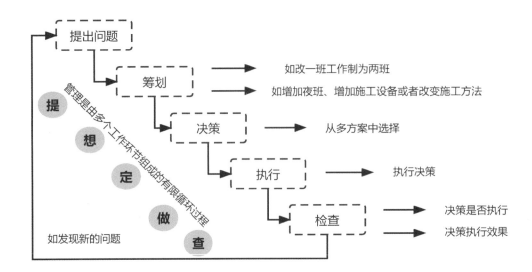

【考点4】组织工具——四图两表（☆☆☆☆☆）

1. 四图 [13、17、20、21 第一批、22 单选，13、14、21 第一批多选]

（1）项目结构图

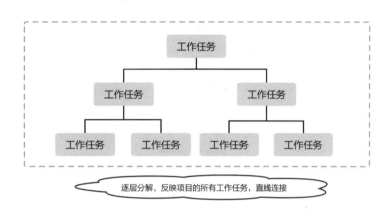

逐层分解，反映项目的所有工作任务，直线连接

（2）组织结构图

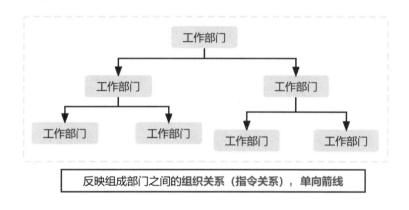

反映组成部门之间的**组织关系（指令关系）**，**单向箭线**

（3）合同结构图

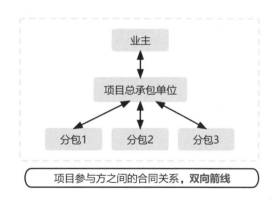

项目参与方之间的**合同关系**，**双向箭线**

（4）工作流程图

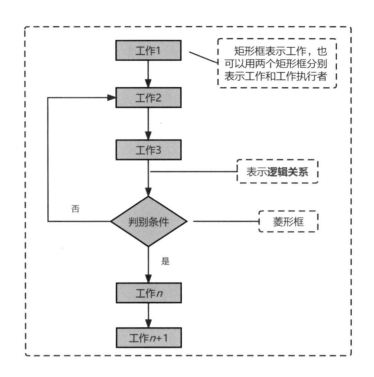

 从历年考试情况来看，考试题型不外乎以下两种。

（1）题干中给出图示，判断属于哪种组织工具。考生只要记住组织工具的图示，一般都能作出正确选择。

（2）概念型题目的考核，可以单独成题，也可以综合出题。这就要求考生明确组织工具所表达的含义，注意选项之间的差别，复习时一定要仔细理解不同概念之间的差别。

2. 两表 [14、15、16、17、18、21 第一批单选，17、19、22 多选]

两表	编制方法	特点	相同点
工作任务分工（分任务）	（1）首先对管理任务进行详细分解。 （2）明确项目经理和管理任务主管工作部门或主管人员的工作任务。 （3）编制工作任务分工表	（1）明确主办，协办和配合部门。 （2）一个任务至少一个主办部门。 （3）运营、物业开发部参与整个实施	（1）各方都应编制。 （2）组织设计文件的一部分。 （3）随着项目进展不断深化和细化
管理职能分工（定职能）	用表的形式反映各工作部门（各工作岗位）对各项工作任务的项目管理职能分工	（1）我国习惯用岗位责任制的岗位责任描述书来表述每一个工作部门（工作岗位）的工作任务。 （2）管理职能分工表不足以明确每个工作部门（工作岗位）的管理职能，可以使用管理职能分工描述书	

【考点 5】基本的组织结构模式（ ☆☆☆☆☆ ）

[14、16、18、19、20、21 第一批、22 单选，13、15、21 第二批多选]

职能组织结构	指令源	多个	A → B1, B2 → C11, C21（交叉）
	指令传达	直接和非直接	
	特点	影响运行 传统的	
线性组织结构	指令源	唯一一个	A → B1, B2；B1 → C11, C12；B2 → C21, C22
	指令传达	不能跨级	
	特点	避免矛盾指令影响的运行 指令路径过长 常用模式	
矩阵组织结构	指令源	2 个	总经理/副总经理 → 计划管理部、技术管理部、合同管理部、财务管理部、人事管理部……；项目部 1、项目部 2、项目部 3……
	指令传达	纵向和横向	
	特点	较新型的 指令发生矛盾时，最高指挥者协调	

助记口诀　线 1 具（矩）2 职能多，指令传达依图记。

提示　掌握三种模式的指令源与特点。

在矩阵组织结构模式中，纵向工作部门可以是计划管理、技术管理、合同管理、财务管理和人事管理部门等，而横向工作部门可以是项目部。当纵向和横向工作部门的指令发生矛盾时，由该组织系统的最高指挥者（部门）进行协调或决策，也可以采用以纵向工作部门指令为主或以横向工作部门指令为主的矩阵组织结构模式。

2Z101030 施工组织设计的内容和编制方法

【考点1】施工组织设计的内容（☆☆☆☆☆）

1. 施工组织设计的基本内容 [13、14、17、21第一批单选，17多选]

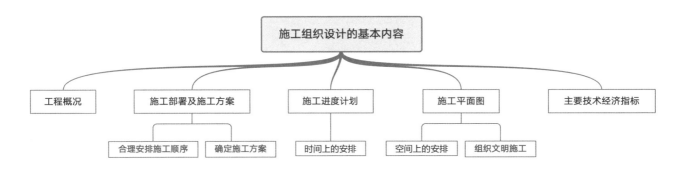

2. 施工组织设计的分类及内容 [13、16、19单选，16、20、21第一批、21第二批、22多选]

分类	施工组织总设计	单位工程施工组织设计	分部（分项）工程施工组织设计
编制对象	整个工程项目	单位工程	特别重要的、技术复杂的、采用新工艺的、采用新技术的
内容	（1）建设项目的工程概况。 （2）施工部署及其核心工程的施工方案。 （3）全场性施工准备工作计划和施工总平面图设计。 （4）施工总进度计划。 （5）各项资源需求量计划。 （6）主要技术经济指标（项目施工工期、劳动生产率、项目施工质量、项目施工成本、项目施工安全、机械化程度、预制化程度、暂设工程等）	（1）工程概况及施工特点分析。 （2）施工方案的选择。 （3）单位工程施工准备工作计划。 （4）单位工程施工进度计划。 （5）各项资源需求量计划。 （6）单位工程施工总平面图设计。 （7）技术组织措施、质量保证措施和安全施工措施。 （8）主要技术经济指标（工期、资源消耗的均衡性、机械设备的利用程度等）	（1）工程概况及施工特点分析。 （2）施工方法和施工机械的选择。 （3）分部（分项）工程的施工准备工作计划。 （4）分部（分项）工程的施工进度计划。 （5）各项资源需求量计划。 （6）技术组织措施、质量保证措施和安全施工措施。 （7）作业区施工平面布置图设计

 口助诀记　总有部署、无特点、无措施；
单位组织最全面；
分无方案、无总图、无指标；
资源需求量共有之。

【考点2】施工组织总设计的编制程序（☆☆☆☆☆）

[15、18、20、21 第二批单选、19 多选]

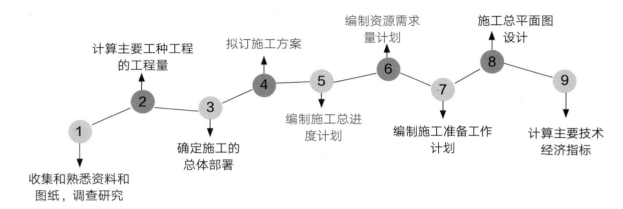

提示　注意各程序的前后顺序，易考核排序题。
以上顺序中，③、④可交叉，④→⑤→⑥的顺序是不可逆的。

2Z101040　建设工程项目目标的动态控制

【考点1】动态控制方法（☆☆☆☆☆）

1. 项目目标动态控制的工作程序 [13、14、18 单选]

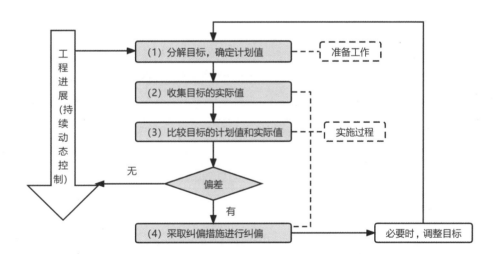

提示　注意两个首要工作：
目标分解到确定计划值是动态控制的第一步；实施过程的第一步是收集实际值。
掌握了项目目标动态控制原理，运用动态控制原理控制施工进度、施工成本、施工质量也就掌握了。

2. 项目目标动态控制的纠偏措施 [15、17、19、21 第一批、22 单选]

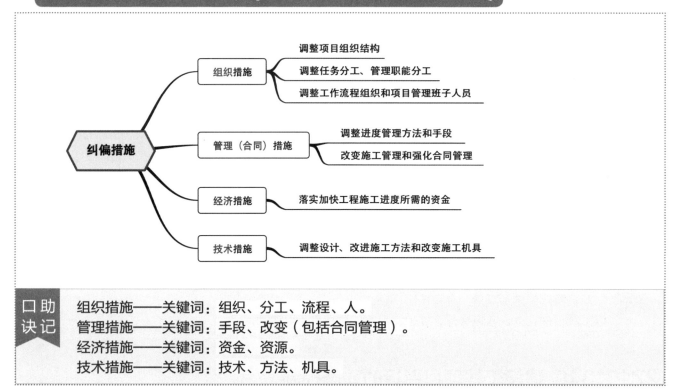

口诀助记 组织措施——关键词：组织、分工、流程、人。
管理措施——关键词：手段、改变（包括合同管理）。
经济措施——关键词：资金、资源。
技术措施——关键词：技术、方法、机具。

提示 相关考点对比记忆，关于措施的知识点还有施工成本管理的措施和施工进度控制的措施。

3. 项目目标动态控制的核心控制与主动控制 [17、19、21 第一批、21 第二批单选，13 多选]

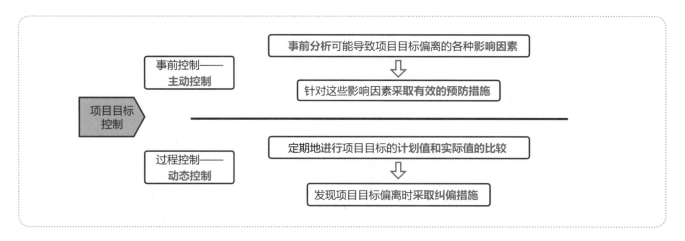

【考点 2】动态控制方法在施工管理中的应用（☆☆☆☆）
[15、16、17、18、20、21 第二批、22 单选]

动态控制方法在施工管理中的应用包括在进度控制、成本控制和质量控制方面。
成本计划值和实际值的比较包括：

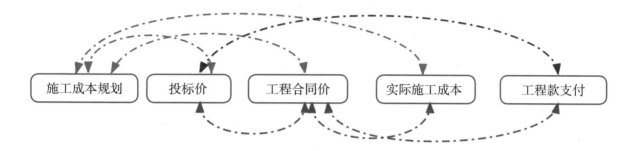

可以这样理解：**任意两项对比，排在前面的可作为计划值，后面作为实际值。**

2Z101050 施工项目经理的任务和责任

【考点 1】项目经理与建造师区别与联系（☆☆☆）
[16、21 第二批单选，14、16、17 多选]

区别：

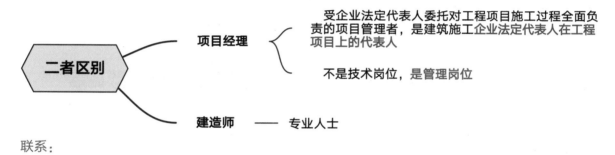

联系：

过渡期内，凡持有项目经理资质证书或者建造师注册证书的人员，经其所在企业聘用后均可担任工程项目施工的项目经理。

过渡期满后，大、中型工程项目施工的项目经理必须由取得建造师注册证书的人员担任。但取得建造师注册证书的人员是否担任工程项目施工的项目经理，由企业自主决定。

【考点 2】《建设工程施工合同（示范文本）》
(GF—2017—0201) 中涉及项目经理的条款（☆☆☆☆☆）
[15、18、19 单选，14、15、16、17、18、20、21 第一批、22 多选]

提示

（1）注意几个时间："48h""7d""14d""28d"，可能会以单项选择题的形式进行考核。

（2）高频考查知识点，每一句话都可能作为备选项。

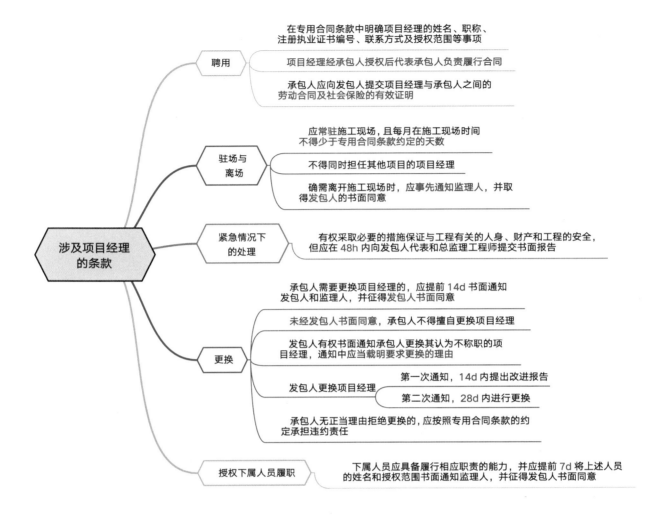

【考点3】施工项目经理的任务（☆☆☆）[13、14、16单选，18多选]

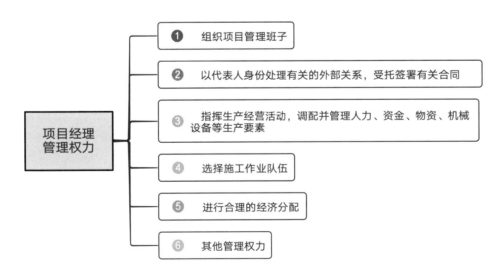

 项目经理的任务包括项目管理的行政管理和项目管理两个方面，在项目管理方面的主要任务是3控3管1协调。

【考点 4】施工项目经理的责任（ ☆☆☆☆☆ ）

1. 项目管理目标责任书 [13、17、18、20、21 第一批单选，19、20 多选]

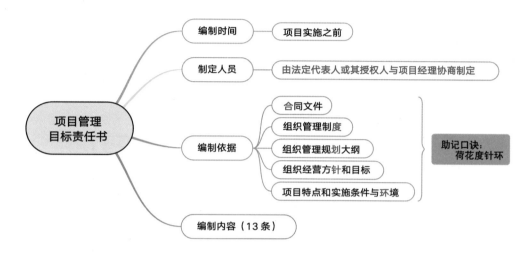

2. 项目经理的职责和权限 [14、16、17、22 单选，15、16、17、21 第二批多选]

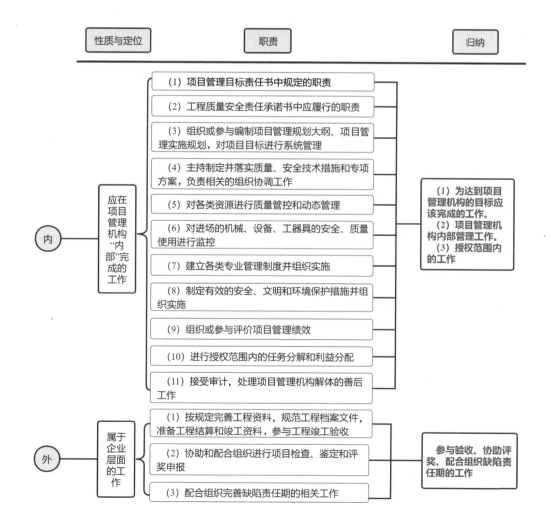

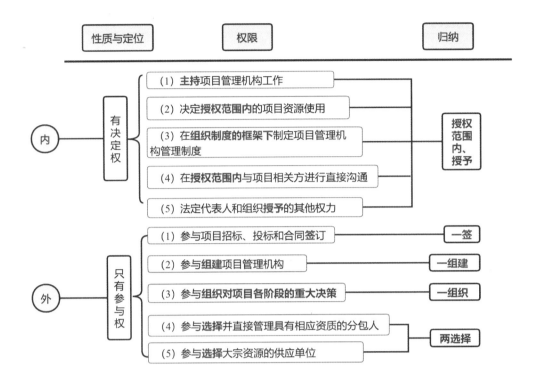

性质与定位　　　权限　　　归纳

内　有决定权
- (1) **主持**项目管理机构工作
- (2) **决定**授权范围内的项目资源使用
- (3) 在**组织制度的框架下**制定项目管理机构管理制度
- (4) 在**授权范围内**与项目相关方进行直接沟通
- (5) 法定代表人和组织**授予**的其他权力

→ **授权范围内、授予**

外　只有参与权
- (1) 参与项目招标、投标和合同签订 → **一签**
- (2) 参与**组建**项目管理机构 → **一组建**
- (3) 参与**组织**对项目各阶段的重大决策 → **一组织**
- (4) 参与**选择**并直接管理具有相应资质的分包人
- (5) 参与**选择**大宗资源的供应单位

→ **两选择**

 提示　职责是必须要做的，权限是可以放弃的。企业与企业的事，项目经理是参与，其他都是说了算。

2Z101060 施工风险管理

【考点1】风险与风险量的内涵（☆☆☆）[14单选]

　　风险是指不利事件或事故发生的概率（频率）及其损失的组合。

　　风险量指的是不确定的损失程度和损失发生的概率。若某个可能发生的事件其可能的损失程度和发生的概率都很大，则其风险量就很大，如右图所示的风险区A

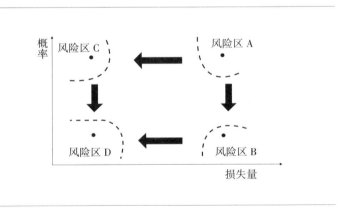

 提示　A→B表示降低概率；A→C表示降低损失量。

【考点 2】施工风险的类型（☆☆☆）[17、18、21 第二批单选]

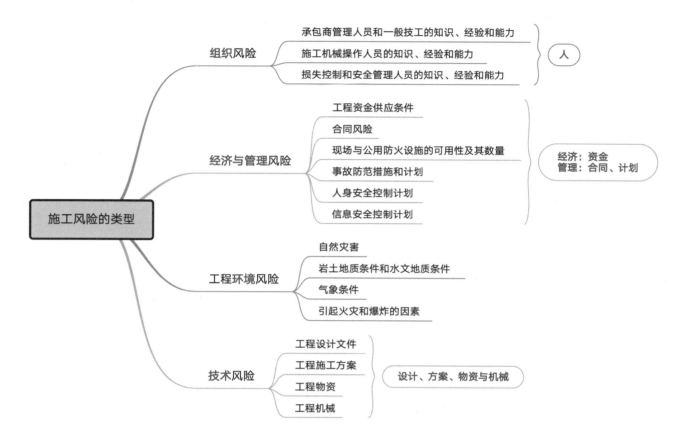

【考点 3】施工风险管理的任务和方法（☆☆☆）
[13、14、19、21 第一批、22 单选，13 多选]

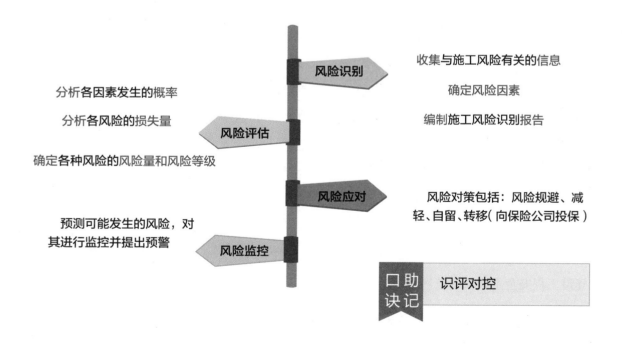

提示 风险识别、风险评估的内容经常会相互作为干扰选项进行考查。施工风险管理过程可能会有以下三种命题方式：

（1）建设工程施工风险管理的工作程序中，风险评估的下一步工作是（　　）。

（2）施工风险管理过程包括施工全过程的风险识别、风险评估、风险应对和（　　）。

（3）根据《建设工程项目管理规范》，项目风险管理正确的程序是（　　）。

2Z101070 建设工程监理的工作任务和工作方法

【考点1】建设工程监理的工作任务（☆☆☆☆）

[13、14、15、18、21第一批、21第二批单选，22多选]

1．监理制度的目的

工程监理单位是一种高智能的有偿技术服务。目的有三项：

（1）确保工程建设质量；

（2）提高工程建设水平；

（3）充分发挥投资效益。

2．工作性质特点

"服务性、科学性、独立性、公平性。"

 口诀 助记 功课复读

3．《建设工程质量管理条例》的有关规定

（1）代表建设单位对施工质量实施监理，并对施工质量承担监理责任。

（2）工程监理单位应当选派具备相应资格的总监理工程师和监理工程师进驻施工现场。未经监理工程师签字，建筑材料、建筑构配件和设备不得在工程上使用或者安装，施工单位不得进行下一道工序的施工。未经总监理工程师签字，建设单位不拨付工程款，不进行竣工验收。

（3）监理工程师应当按照工程监理规范的要求，采取旁站、巡视和平行检验等形式，对建设工程实施监理。

4．《建设工程安全生产管理条例》的有关规定

工程监理单位应当审查施工组织设计中的安全技术措施或者专项施工方案是否符合工程建设强

制性标准。工程监理单位在实施监理过程中，发现存在安全事故隐患的，应当要求施工单位整改。情况严重的，应当要求施工单位暂时停止施工，并及时报告建设单位。施工单位拒不整改或者不停止施工的，工程监理单位应当及时向有关主管部门报告。工程监理单位和监理工程师应当按照法律、法规和工程建设强制性标准实施监理，并对建设工程安全生产承担监理责任。

5. 建设工程项目实施的几个主要阶段建设工程监理工程的主要任务

 本考点内容较多，但考核频次并不高，考生应熟悉设计阶段、施工准备阶段、施工阶段、竣工验收阶段建设监理工作的主要任务。

【考点2】建设工程监理的工作方法（☆☆☆☆☆）
[13、16、17、18、19、20、22单选、21第一批、21第二批多选]

1. 发现问题的处理

施工不符合设计要求、技术标准和合同约定的→要求施工企业改正
设计不符合质量标准和合同约定的→报告建设单位要求设计单位改正

2. 监理规划及实施细则的编制

项目	编制时间	谁编	谁审	编制依据	主要内容
监理规划	签订委托监理合同及收到设计文件后	总监理工程师组织专业监理工程师	监理单位技术负责人	（1）法律、法规、审批文件。 （2）标准、设计文件、技术资料。 （3）监理大纲。 （4）合同文件	共12点，无需记忆
实施细则	施工开始前	专业监理工程师	总监理工程师	（1）监理规划。 （2）标准、设计文件。 （3）组织设计。 （4）施工方案	共4项内容，关键词：特点、流程、要点、方法及措施

 监理规划和实施细则的内容考核时会相互作为干扰选项，只需记实施细则的4项内容，需要注意的是监理工作的方法和措施是二者都有的。

3. 旁站监理

旁站监理部位	关键部位、关键工序
通知监理机构时间	施工前 24h
职责	（1）检查人员到岗、持证上岗、机械材料准备。 （2）监督执行施工方案以及工程建设强制性标准情况。 （3）核查质量检验报告。 （4）记录并保存资料。 （5）对违反强制性标准的，责令施工企业立即整改。 （6）施工活动危及工程质量的，向监理工程师或者总监理工程师报告

2Z102010 建筑安装工程费用项目的组成与计算

【考点1】建筑安装工程费用项目组成（☆☆☆☆☆）

1. 按费用构成要素划分的建筑安装工程费用项目组成 [13、14、16、17、18、20 单选、19、20 多选]

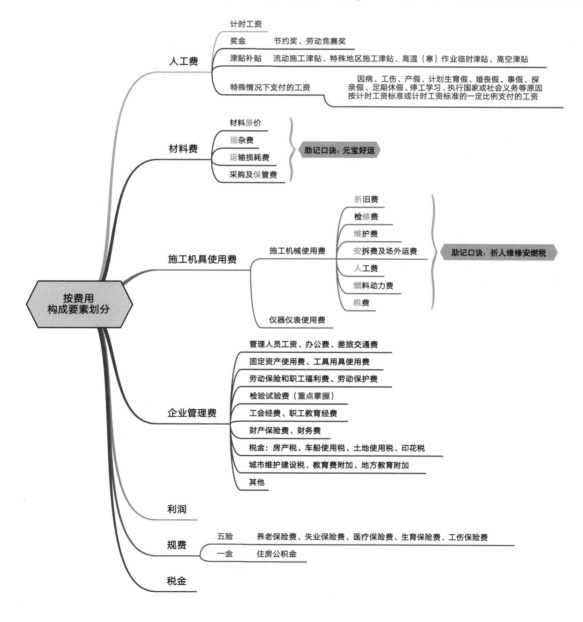

2. 按造价形成划分的建筑安装工程费用项目组成 [14、21 第二批、22 单选、13、14 多选]

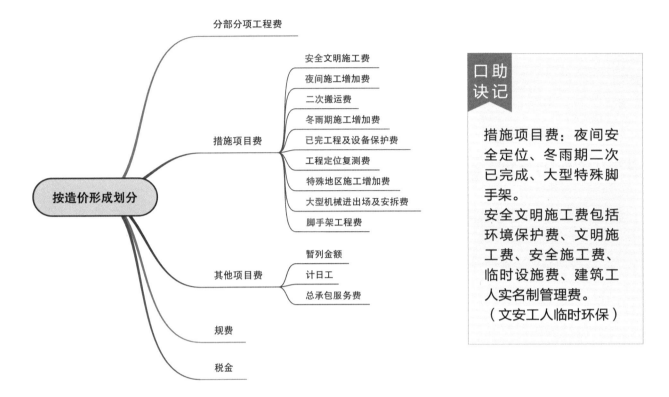

 两种工程费用组成形式，学习过程中，最好能结合学习。

分部分项工程费、措施项目费、其他项目费包括人工费、材料费、施工机具使用费、企业管理费和利润。

【考点 2】建筑安装工程费用的计算方法（☆☆☆）
[15、21 第一批、22 单选，21 第二批多选]

费用		计算方法
人工费		人工费 = Σ（工日消耗量 × 日工资单价） 日工资单价 = $\dfrac{\text{生产工人平均月工资（计时、计件）+ 平均月（资金 + 津贴补贴 + 特殊情况下支付的工资）}}{\text{年平均每月法定工作日}}$ 日工资单价是指按照施工企业平均技术熟练程度的生产工人在每工作日（国家法定工作时间内）按规定从事施工作业应得的日工资总额
材料费	材料费	材料费 = Σ（材料消耗量 × 材料单价） 材料单价 ={（材料原价 + 运杂费）×[1+ 运输损耗率（%）]}×[1+ 采购保管费率（%）]
	工程设备费	工程设备费 = Σ（工程设备量 × 工程设备单价） 工程设备单价 =（设备原价 + 运杂费）×[1+ 采购保管费率（%）]

续表

费用		计算方法
施工机具使用费	施工机械使用费	施工机械使用费 = $\sum$（施工机械台班消耗量 × 机械台班单价） 机械台班单价 = 台班折旧费 + 台班检修费 + 台班维护费 + 台班安拆费及场外运费 + 台班人工费 + 台班燃料动力费 + 台班车船税费 （1）折旧费计算公式为： $$台班折旧费 = \frac{机械预算价格 × （1-残值率）}{耐用总台班数}$$ $$耐用总台班数 = 折旧年限 × 年工作台班$$ （2）检修费计算公式： $$台班检修费 = \frac{一次检修费 × 检修次数}{耐用总台班数}$$
	仪器仪表使用费	仪器仪表使用费 = 工程使用的仪器仪表摊销费 + 维修费
企业管理费	以分部分项工程费为计算基础	$$企业管理费费率（\%） = \frac{生产工人年平均管理费}{年有效施工天数 × 人工单价} × 人工费占分部分项工程费比例（\%）$$
	以人工费和机械费合计为计算基础	$$企业管理费费率（\%） = \frac{生产工人年平均管理费}{年有效施工天数 ×（人工单价 + 每一工日机械使用费）} × 100\%$$
	以人工费为计算基础	$$企业管理费费率（\%） = \frac{生产工人年平均管理费}{年有效施工天数 × 人工单价} × 100\%$$
规费		社会保险费和住房公积金应以定额人工费为计算基础，根据工程所在地省、自治区、直辖市或行业建设主管部门规定费率计算
增值税	一般计税	建筑业增值税征收率为 9%。计算公式为： $$增值税销项税额 = 税前造价 × 9\%$$ 税前造价为人工费、材料费、施工机具使用费、企业管理费、利润和规费之和，各费用项目均以不包含增值税可抵扣进项税额的价格计算
	简易计税	建筑业增值税征收率为 3%。计算公式为： $$增值税 = 税前造价 × 3\%$$ 税前造价为人工费、材料费、施工机具使用费、企业管理费、利润和规费之和，各费用项目均以包含增值税进项税额的含税价格计算

 提示　本考点公式较多，主要掌握材料单价、台班折旧费的计算及规费的计算基础。
安全文明施工费、规费和税金不得作为竞争性费用。

2Z102020 建设工程定额

【考点1】建设工程定额的分类（☆☆☆）

[14、15、20、21第一批、21第二批、22单选，22多选]

划分标准	分类				
按生产要素内容	人工定额	材料消耗定额	施工机械台班使用定额		
按编制程序和用途	施工定额	预算定额	概算定额	概算指标	投资估算指标
按编制单位和适用范围	全国统一定额	行业定额	地区定额	企业定额	
按投资的费用性质	建筑工程定额	设备安装工程定额	建筑安装工程费用定额	工具、器具定额	工程建设其他费用定额

类型	施工定额	预算定额	概算定额	概算指标	投资估算指标
编制对象	同一性质的施工过程——工序	建（构）筑物分部（分项）工程	扩大的分部（分项）工程	单位工程	建设项目、单项工程
用途	进行施工组织、成本管理、经济核算和投标报价的重要依据。 直接应用于施工项目的施工管理，用来编制施工作业计划、签发施工任务单、签发限额领料单，以及结算计件工资或计量奖励工资等。 编制预算定额的基础	编制概算定额的基础。 编制施工图预算的依据	编制扩大初步设计概算	编制初步设计概算	编制投资估算
项目划分	最细（基础性）	细	较粗	粗	很粗
组成	人料机定额	—	包含数项预算定额	—	—
定额水平	反映技术与管理水平	—			
定额性质	生产性定额（企业性）	计价性定额			

 提示 考核重点是施工定额与预算定额。区分各定额的编制对象，前者是后者编制的基础。

【考点2】人工定额的编制（☆☆☆☆）[16、19、20、22单选，19、21第一批多选]

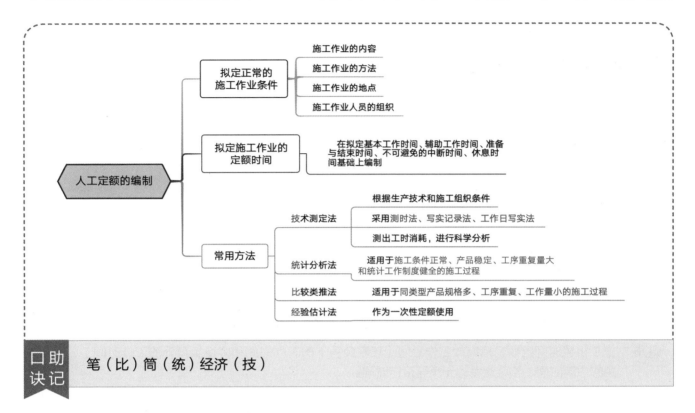

口助诀记	笔（比）筒（统）经济（技）

【考点3】材料消耗定额的编制（☆☆☆）

1. 材料消耗定额的编制方法 [21第二批多选]

编制材料消耗定额，主要包括确定直接使用在工程上的材料净用量和在施工现场内运输及操作过程中的不可避免的废料和损耗。

材料净用量的确定有理论计算法、测定法、图纸计算法、经验法。

材料损耗量的计算：

口助诀记　经理定图

$$损耗率 = \frac{损耗量}{净用量} \times 100\%$$

总消耗量＝净用量＋损耗量＝净用量×（1+损耗率）

2. 周转性材料消耗定额的编制 [16、19单选、15、18多选]

影响因素		（1）一次使用量。 （2）损耗。 （3）使用次数。 （4）最终回收、折价
指标	一次使用量	供施工企业组织施工用
	摊销量	供施工企业成本核算或投标报价使用

【考点4】施工机械台班使用定额的编制（☆☆☆）[13、15、16、17单选]

项目	分类
编制方法	（1）拟定机械工作的正常施工条件，包括工作地点的合理组织、施工机械作业方法的拟定、配合机械作业的施工小组的组织以及机械工作班制度等。 （2）确定机械净工作生产率，即机械纯工作1h的正常生产率。 （3）确定机械的利用系数。 $$机械利用系数 = \dfrac{工作班净工作时间}{机械工作班时间}$$ （4）计算机械台班定额。 $$施工机械台班产量定额 = 机械净工作生产率 \times 工作班延续时间 \times 机械利用系数$$ （5）拟定工人小组的定额时间
形式	$$单位产品人工时间定额（工日） = \dfrac{小组成员总人数}{台班产量}$$ $$机械产量定额 = \dfrac{1}{机械时间定额（台班）}$$

 施工机械时间定额包括有效工作时间（正常负荷下的工作时间和降低负荷下的工作时间）、不可避免的中断时间、不可避免的无负荷工作时间。

机械产量定额和机械时间定额互为倒数。

2Z102030 工程量清单计价

【考点1】工程量清单计价的方法（☆☆☆☆☆）

1. 工程造价的计算

利用综合单价法得到总造价：

分部分项工程费 =Σ 分部分项工程量 × 分部分项工程综合单价

措施项目费 =Σ 措施项目工程量 × 措施项目综合单价 +Σ 单项措施费

其他项目费 = 暂列金额 + 暂估价 + 计日工 + 总承包服务费 + 其他

单位工程报价 = 分部分项工程费 + 措施项目费 + 其他项目费 + 规费 + 税金

单项工程报价 =Σ 单位工程报价

总造价 =Σ 单项工程报价

 工程量清单计价主要有三种形式。

（1）工料单价 = 人工费 + 材料费 + 施工机具使用费

（2）综合单价 = 人工费 + 材料费 + 施工机具使用费 + 管理费 + 利润

（3）全费用综合单价 = 人工费 + 材料费 + 施工机具使用费 + 管理费 + 利润 + 规费 + 税金

2. 分部分项工程费计算 [15、18、19、21 第二批、22 单选，17、18、21 第一批多选]

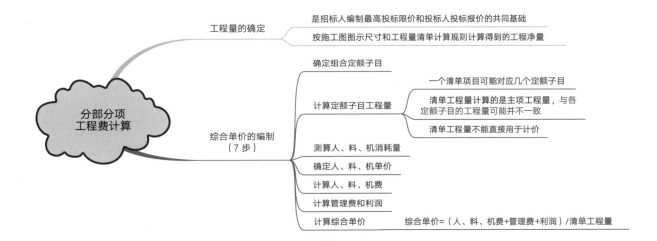

 提示　工程量清单计价的综合计价法包括了"人、料、机、管、利"五笔费用，考查计算题目时，一般会给出管理费和利润，或者是以百分比出现在题干。

3. 措施项目费计算 [21 第一批单选]

可以计算工程量的：按分部分项工程量清单的方式采用综合单价计价。

其余可以"项"为单位的方式计价，包括除规费、税金外的全部费用。

措施项目费的计算方法：

方法	措施项目
综合单价法	混凝土模板、脚手架、垂直运输
参数法	夜间施工费、二次搬运费、冬雨期施工
分包法	室内空气污染测试

4. 其他项目费计算 [13、16 多选]

其他项目费由暂列金额、暂估价、计日工、总承包服务费等内容构成。

暂列金额和暂估价由招标人按估算金额确定。

计日工和总承包服务费由承包人根据招标人提出的要求，按估算的费用确定。

 提示　暂列金额与暂估价的区别：暂列金额不一定发生，暂估价一定发生但不确定金额。

【考点2】投标报价的编制方法（☆☆☆☆）

1. 编制原则 [14、20、22单选，15多选]

（1）投标人自主确定，但必须执行《计价规范》的强制性规定。

（2）不得低于工程成本。

（3）必须按招标工程量清单填报价格。

（4）投标报价要以招标文件中设定的承发包双方责任划分，作为设定投标报价费用项目和费用计算的基础。不同的工程承发包模式会直接影响工程项目投标报价的费用内容和计算深度。

（5）应该以施工方案、技术措施等作为投标报价计算的基本条件。

（6）报价计算方法要科学严谨，简明适用。

 口诀助记　自主确定，不低成本（低于否决），按单填报。

2. 投标报价的编制与审核 [17、19、20、21第二批、22单选]

项目	内容
单价项目	（1）在招标投标过程中，若出现工程量清单特征描述与设计图纸不符时，投标人应以招标工程量清单的项目特征描述为准，确定投标报价的综合单价。若施工中施工图纸或设计变更导致项目特征与招标工程量清单项目特征描述不一致时，发承包双方应按实际施工的项目特征依据合同约定重新确定综合单价。 （2）招标文件中要求投标人承担的风险内容和范围，投标人应将其考虑到综合单价中。 （3）招标工程量清单中提供了暂估单价的材料、工程设备，按暂估的单价进入综合单价
总价项目	措施项目中的安全文明施工费应按照国家或省级、行业建设主管部门的规定计算，不作为竞争性费用
其他项目费	（1）暂列金额应按照招标工程量清单中列出的金额填写，不得变动。 （2）暂估价不得变动和更改。暂估价中的材料、工程设备必须按照暂估单价计入综合单价；专业工程暂估价必须按照招标工程量清单中列出的金额填写。 （3）计日工应按照招标工程量清单列出的项目和估算的数量，自主确定综合单价并计算计日工金额。 （4）总承包服务费应根据招标工程量列出的专业工程暂估价内容和供应材料、设备情况，按照招标人提出协调、配合与服务要求和施工现场管理需要自主确定
规费和税金	规费和税金必须按国家或省级、行业建设主管部门的规定计算，不得作为竞争性费用

 提示　不能进行投标总价优惠（或降价、让利），投标人对投标报价的任何优惠（或降价、让利）均应反映在相应清单项目的综合单价中。

【考点 3】合同价款的约定（☆☆☆）[21 第一批、21 第二批单选]

时间：应在中标通知书发出之日起 30d 内。

招标文件与中标人投标文件不一致时：以投标文件为准。

约定内容：

（1）预付工程款的数额、支付时间及抵扣方式。

（2）安全文明施工费的支付计划、使用要求。

（3）工程计量与支付工程价款的方式、额度及时间。

（4）工程价款的调整因素、方法、程序、支付及时间。

（5）施工索赔与现场签证的程序、金额确认与支付时间。

（6）承担计价风险的内容、范围以及超出约定内容、范围的调整办法。

（7）工程竣工价款结算编制与核对、支付及时间。

（8）工程质量保证金的数额、预留方式及时间。

（9）违约责任以及发生工程价款争议的解决方法及时间。

（10）与履行合同、支付价款有关的其他事项。

2Z102040 计量与支付

【考点 1】工程计量（☆☆☆）

1. 计量原则与依据

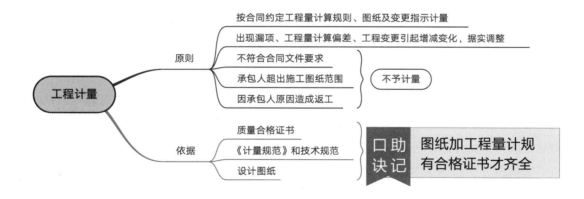

2. 单价合同与总价合同计量程序

 提示　（1）掌握两个时间点："每月 25 日报送上月 20 日至当月 19 日已完成的工程量报告""7d"。

（2）监理人未在收到承包人提交的工程量报表后的 7d 内完成审核的，承包人报送的工程量报告中的工程量视为承包人实际完成的工程量，据此计算工程价款。

（3）如果监理人对工程量有异议的应采取的处理措施是：

有权要求承包人进行共同复核或抽样复测。承包人应协助监理人进行复核或抽样复测，并按监理人要求提供补充计量资料。承包人未按监理人要求参加复核或抽样复测的，监理人复核或修正的工程量视为承包人实际完成的工程量。

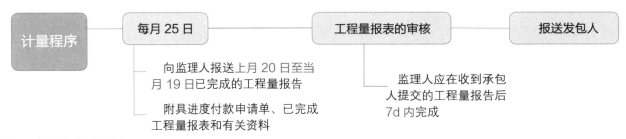

3. 工程计量的方法

方法	举例
均摊法	保养测量设备，保养气象记录设备，维护工地清洁和整洁等项目的计量
凭据法	建筑工程险保险费、第三方责任险保险费、履约保证金等项目的计量
估价法	为监理工程师提供测量设备、天气记录设备、通信设备等项目的计量
断面法	主要用于取土坑或填筑路堤土方的计量
图纸法	混凝土构筑物的体积，钻孔桩的桩长等项目的计量
分解计量法	将一个项目根据工序或部位分解为若干子项。对完成的各子项进行计量支付

口诀助记 每月均摊、保险凭据、设备估价、土方断面、图纸尺寸、包干分解。

 提示 一般只对三方面项目进行计量：清单中的全部项目、合同中规定的项目、工程变更项目。

【考点2】合同价款调整（☆☆☆☆☆）

1. 法律法规变化 [17、19、20 单选]

基准日的确定：招标工程以投标截止日前 28d，非招标工程以合同签订前 28d 为基准日。

基准日期后，法律变化导致承包人在合同履行过程中所需要的费用发生《建设工程施工合同（示范文本）》"市场价格波动引起的调整"条款约定以外的增加时，由发包人承担由此增加的费用；减少时，应从合同价格中予以扣减。

因承包人原因造成工期延误，在工期延误期间出现法律变化的，由此增加的费用和（或）延误的工期由承包人承担。

但因承包人原因导致工期延误的，且上述规定的调整时间在合同工程原定竣工时间之后，合同价款调增的不予调整，合同价款调减的予以调整。

提示　基准日的确定注意两点：
（1）"28"会考查单项选择题，在此设置干扰选项有"14""42""56"。
（2）"投标截止日前"会与"合同签订前"互为干扰选项，也可能还会设置"招标截止日前"、"中标通知书发出前"等干扰选项。

2. 工程量清单缺项

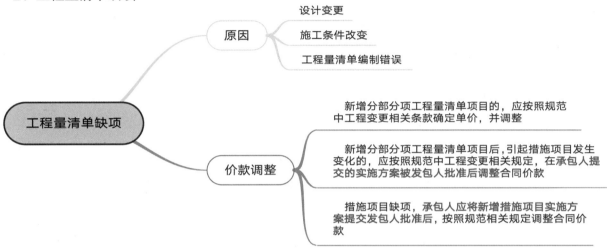

3. 工程量偏差 [16、21 第一批单选]

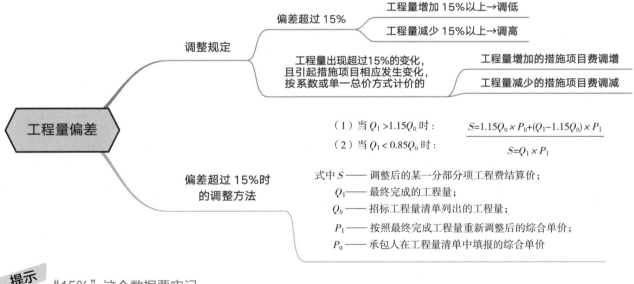

 提示　"15%"这个数据要牢记。

4. 计日工 [14、22多选]

（1）承包人完成发包人提出的工程合同范围以外的零星项目或工作。
（2）发包人通知承包人以计日工方式实施的零星工作，承包人应予执行。

（3）采用计日工计价的任何一项工作，在该项工作的实施过程中，承包人应按合同约定提交下列报表和有关凭证送发包人复核：

①工作名称、内容和数量；

②投入该工作所有人员的姓名、专业、工种、级别和耗用工时；

③投入该工作的材料、类别和数量；

④投入该工作的施工设备型号、台数和耗用台时；

⑤其他资料和凭证。

5．市场价格波动引起的调整 [16、17 单选]

（1）价格调整公式

$$\Delta P = P_0 [A + (B_1 \times \frac{F_{t1}}{F_{01}} + B_2 \times \frac{F_{t2}}{F_{02}} + B_3 \times \frac{F_{t3}}{F_{03}} + \cdots + B_n \times \frac{F_{tn}}{F_{0n}}) - 1]$$

式中　ΔP——需调整的价格差额；

P_0——约定的付款证书中承包人应得到的已完成工程量的金额，此项金额应不包括价格调整、不计质量保证金的扣留和支付、预付款的支付和扣回，约定的变更及其他金额已按现行价格计价的，也不计在内；

A——定值权重（即不调部分的权重）；

B_1、B_2、B_3、$\cdots$、B_n——各可调因子的变值权重（即可调部分的权重），为各可调因子在签约合同价中所占的比例；

F_{t1}、F_{t2}、F_{t3}、$\cdots$、F_{tn}——各可调因子的现行价格指数，指约定的付款证书相关周期最后一天的前42d的各可调因子的价格指数；

F_{01}、F_{02}、F_{03}、$\cdots$、F_{0n}——各可调因子的基本价格指数，指基准日期的各可调因子的价格指数。

因承包人原因导致工期延误的，计划进度日期后续工程的价格，应采用计划进度日期与实际进度日期两者的较低者。

 如果在题目中明确了"约定采用价格指数及价格调整公式调整价格差额"，我们就可以直接套用该公式。

（2）采用造价信息进行价格调整

项目	内容			
人工单价变化	发承包双方应按省级或行业建设主管部门或其授权的工程造价管理机构发布的人工费用等文件调整合同价格			
材料、工程设备价格变化	条件	材料单价	计算基础	调整
	材料单价＜基准单价	跌幅	以材料单价为基础超过5%	超过部分据实调整

续表

项目	内容			
材料、工程设备价格变化	材料单价<基准单价	涨幅	以基准价格为基础超过5%	超过部分据实调整
	材料单价>基准单价	跌幅	以基准价格为基础超过5%	
		涨幅	以材料单价为基础超过5%	
	材料单价=基准单价	跌幅或涨幅	以基准价格为基础超 ±5% 时	
施工机械台班单价或施工机械使用费发生变化	超过省级或行业建设主管部门或其授权的工程造价管理机构规定的范围时，按其规定调整合同价款			

6. 暂估价

暂估材料或工程设备的单价确定后，在综合单价中只应取代原暂估单价，不应再在综合单价中涉及企业管理费或利润等其他费用的变动。

7. 不可抗力 [20 多选]

不可抗力造成损失	谁承担
永久工程	发包人
运至施工现场的材料和工程设备的损坏	
因工程损坏造成的第三者人员伤亡和财产损失	
发包人人员伤亡	
不可抗力导致承包人停工期间工人工资	
不可抗力导致延期，发包人要求赶工增加的费用	
照管清理、修复费用	
承包人人员伤亡	承包人
施工设备的损坏	

8. 提前竣工（赶工补偿）[21 第一批单选]

（1）工程发包时，招标人应当依据相关工程的工期定额合理计算工期，压缩的工期天数不得超过定额工期的 20%，将其量化。超过者，应在招标文件中明示增加赶工费用。

（2）工程实施过程中，发包人要求合同工程提前竣工的，应征得承包人同意后与承包人商定采取加快工程进度的措施，并应修订合同工程进度计划。发包人应承担承包人由此增加的提前竣工（赶工补偿）费用。

（3）发承包双方应在合同中约定提前竣工每日历天应补偿额度，此项费用应作为增加合同价款列入竣工结算文件中，应与结算款一并支付。

赶工费用主要包括：人工费、材料费、机械费的增加。

9. 暂列金额 [14、18、21 第二批单选]

项目	内容
概念	暂列金额是指招标人在工程量清单中暂定并包括在合同价款中的一笔款项
用途	用于工程合同签订时尚未确定或者不可预见的所需材料、工程设备、服务的采购，施工中可能发生的工程变更、合同约定调整因素出现时的合同价款调整以及发生的索赔、现场签证等确认的费用
使用	已签约合同价中的暂列金额由发包人掌握使用。发包人按照合同的规定作出支付后，如有剩余，则暂列金额余额归发包人所有

【考点 3】工程变更价款的确定（☆☆☆）[19、21 第二批、22 单选]

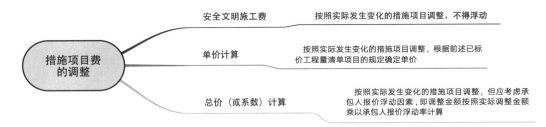

 首先应清楚，不管是由于什么原因提出调整措施项目费的，承包人都应事先将实施方案报发包人确认。

承包人报价浮动率可按下列公式计算：

（1）招标工程：承包人报价浮动率 L =（1 − 中标价 / 最高投标限价）× 100%

（2）非招标工程：承包人报价浮动率 L =（1 − 报价值 / 施工图预算）× 100%

如果承包人未事先将拟实施的方案提交给发包人确认，则视为工程变更不引起措施项目费的调整或承包人放弃调整措施项目费的权利。

【考点 4】索赔与现场签证（☆☆☆☆）

1. 索赔费用的组成及计算方法 [16、18、21 第一批单选]

人工费	增加工作内容		计日工费
	停工损失费和工作效率降低的损失费		窝工费
设备费	工作内容增加		机械台班费
	窝工	施工企业自有	机械折旧费
		外部租赁	设备租赁费

续表

材料费	包括索赔事件引起的材料用量增加、材料价格大幅度上涨、非承包人原因造成的工期延误而引起的材料价格上涨和材料超期存储费用
管理费	分为现场管理费和企业管理费
利润	工程范围、工作内容变更等引起的索赔可按原报价单中的利润百分率计算
延迟付款利息	发包人未按约定时间进行付款的

索赔费用的计算方法有：实际费用法（最常用）、总费用法和修正总费用法。

2. 《标准施工招标文件》中合同条款规定的可以合理补偿承包人索赔的条款 [20 单选]

主要内容	可补偿费用		
	工期	费用	利润
提供图纸延误	√	√	√
延迟提供施工场地	√	√	√
发包人提供材料和工程设备不符合合同要求	√	√	√
发包人的原因造成工期延误	√	√	√
发包人原因引起的暂停施工	√	√	√
发包人原因造成暂停施工后无法按时复工	√	√	√
发包人原因造成工程质量达不到合同约定验收标准的	√	√	√
监理人对隐蔽工程重新检查，经检验证明工程质量符合合同要求的	√	√	√
因发包人提供的材料、工程设备造成工程不合格	√	√	√
承包人应监理人要求对材料、工程设备和工程重新检验且检验结果合格	√	√	√
发包人在全部工程竣工前，使用已接收的单位工程导致承包人费用增加的	√	√	√
因发包人违约导致承包人暂停施工	√	√	√
施工过程发现文物、古迹以及其他遗迹、化石、钱币或物品	√	√	
承包人遇到不利物质条件	√	√	
发包人提供资料错误导致承包人的返工或造成工程损失	√	√	
不可抗力	√	√（部分）	
发包人要求承包人提前竣工		√	√
发包人的原因导致工程试运行失败		√	√
发包人原因导致的工程缺陷和损失		√	√
异常恶劣的气候条件	√		
发包人要求承包人提前交付材料和工程设备		√	
采取合同未约定的安全作业环境及安全施工措施		√	
因发包人原因造成承包人人员工伤事故		√	
基准日后法律变化引起的价格调整		√	
工程移交后因发包人原因出现的缺陷修复后的试验和试运行		√	

提示 索赔计算是共性考点，专业实务科目中经常会结合合同责任、进度计划一起考查，应重点学习。对于不可抗力的索赔要尤其关注。

（1）责任的判断

索赔类型	业主/第三方原因	承包商原因	不可抗力
工期索赔	√	×	√
费用索赔	√	×	各自分担

（2）工期索赔的注意事项

工期索赔是否成立，主要看该工作的总时差，延误的时间小于总时差时，索赔不成立；延误的时间大于总时差，索赔工期为延误时间减去总时差。

3．现场签证

现场签证的范围一般包括：

（1）适用于施工合同范围以外零星工程的确认；

（2）在工程施工过程中发生变更后需要现场确认的工程量；

（3）非承包人原因导致的人工、设备窝工及有关损失；

（4）符合施工合同规定的非承包人原因引起的工程量或费用增减；

（5）确认修改施工方案引起的工程量或费用增减；

（6）工程变更导致的工程施工措施费增减等。

【考点5】预付款及期中支付（☆☆☆）

1. 《保障农民工工资支付条例》相关规定

项目	内容
支付形式	农民工工资应当以货币形式，通过银行转账或者现金支付给农民工本人，不得以实物或者有价证券等其他形式替代
拨付周期	人工费用拨付周期不得超过1个月
对分包单位支付管理	（1）施工总承包单位与分包单位应当依法与所招用的农民工订立劳动合同并进行实名登记，具备条件的行业应当通过相应的管理服务信息平台进行用工实名登记、管理。 （2）分包单位对所招用农民工的实名制管理和工资支付负直接责任。施工总承包单位对分包单位劳动用工和工资发放等情况进行监督。分包单位拖欠农民工工资的，由施工总承包单位先行清偿，再依法进行追偿。工程建设项目转包，拖欠农民工工资的，由施工总承包单位先行清偿，再依法进行追偿。 （3）工程建设领域推行分包单位农民工工资委托施工总承包单位代发制度

2．预付款

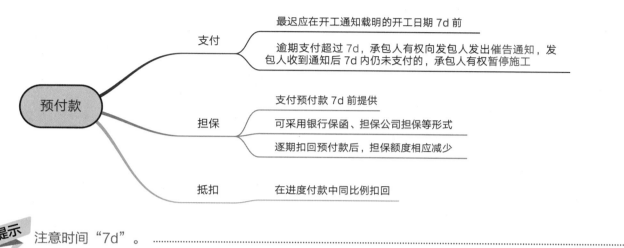

预付款

支付
- 最迟应在开工通知载明的开工日期 7d 前
- 逾期支付超过 7d，承包人有权向发包人发出催告通知，发包人收到通知后 7d 内仍未支付的，承包人有权暂停施工

担保
- 支付预付款 7d 前提供
- 可采用银行保函、担保公司担保等形式
- 逐期扣回预付款后，担保额度相应减少

抵扣
- 在进度付款中同比例扣回

提示 注意时间"7d"。

3．安全文明施工费 [15、18、20 单选、21 第一批、21 第二批单选]

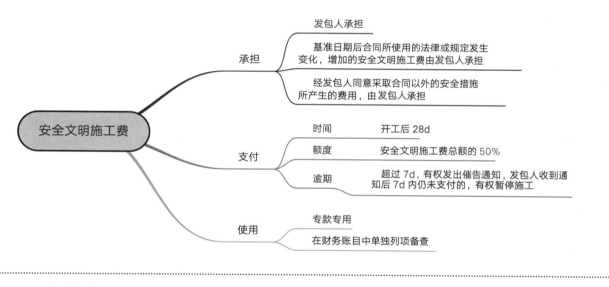

安全文明施工费

承担
- 发包人承担
- 基准日期后合同所使用的法律或规定发生变化，增加的安全文明施工费由发包人承担
- 经发包人同意采取合同以外的安全措施所产生的费用，由发包人承担

支付
- 时间　开工后 28d
- 额度　安全文明施工费总额的 50%
- 逾期　超过 7d，有权发出催告通知，发包人收到通知后 7d 内仍未支付的，有权暂停施工

使用
- 专款专用
- 在财务账目中单独列项备查

4．工程进度款支付

进度付款申请单的内容	（1）截至本次付款周期已完成工作对应的金额。 （2）根据"变更"应增加和扣减的变更金额。 （3）根据"预付款"约定应支付的预付款和扣减的返还预付款。 （4）根据"质量保证金"约定应扣减的质量保证金。 （5）根据"索赔"应增加和扣减的索赔金额。 （6）对已签发的进度款支付证书中出现错误的修正，应在本次进度付款中支付或扣除的金额。 （7）根据合同约定应增加和扣减的其他金额
支付时间	除专用合同条款另有约定外，发包人应在进度款支付证书或临时进度款支付证书签发后 14d 内完成支付，发包人逾期支付进度款的，应按照中国人民银行发布的同期同类贷款基准利率支付违约金

【考点6】竣工结算与支付（☆☆☆）

1. 竣工结算的编制与核对

承包人或受其委托的具有相应资质的工程造价咨询人编制。
发包人或受其委托的具有相应资质的工程造价咨询人核对。

2. 支付 [19 多选]

竣工结算申请单的内容：

（1）竣工结算合同价格。

（2）发包人已支付承包人的款项。

（3）应扣留的质量保证金。已缴纳履约保证金的或提供其他工程质量担保方式的除外。

（4）发包人应支付承包人的合同价款。

 提示 注意与最终结清申请单内容区分。最终结清申请单应列明质量保证金、应扣除的质量保证金、缺陷责任期内发生的增减费用。

除专用合同条款另有约定外，发包人应在签发竣工付款证书后的 14d 内，完成对承包人的竣工付款。

【考点7】质量保证金的处理（☆☆☆）

1. 质量保证金的提供、扣留及退还 [19 单选]

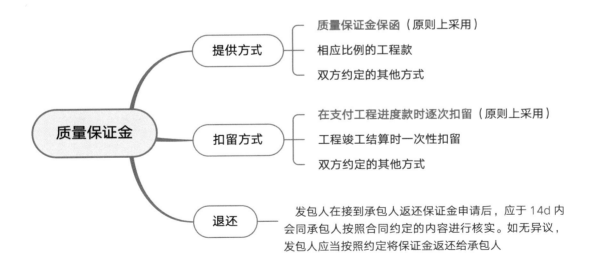

2．保修

项目	内容
保修责任	（1）工程保修期从工程竣工验收合格之日起算。 （2）发包人未经竣工验收擅自使用工程的，保修期自转移占有之日起算。 （3）具体分部分项工程的保修期由合同当事人在专用合同条款中约定，但不得低于法定最低保修年限
修复费用	（1）保修期内，因承包人原因造成工程的缺陷、损坏，承包人应负责修复，并承担修复的费用以及因工程的缺陷、损坏造成的人身伤害和财产损失。 （2）保修期内，因发包人使用不当造成工程的缺陷、损坏，可以委托承包人修复，但发包人应承担修复的费用，并支付承包人合理利润。 （3）因其他原因造成工程的缺陷、损坏，可以委托承包人修复，发包人应承担修复的费用，并支付承包人合理的利润，因工程的缺陷、损坏造成的人身伤害和财产损失由责任方承担
修复通知	在保修期内，发包人在使用过程中，发现已接收的工程存在缺陷或损坏必须立即修复的，发包人可以口头通知承包人并在口头通知后48h内书面确认，承包人应在专用合同条款约定的合理期限内到达工程现场并修复缺陷或损坏
未能修复	因承包人原因造成工程的缺陷或损坏，承包人拒绝维修，且经发包人书面催告后仍未修复的，发包人有权自行修复或委托第三方修复，所需费用由承包人承担

 对修复费用的约定，要区分是谁的责任，由谁承担修复费用。如果修复范围超出缺陷或损坏范围的，超出范围部分的修复费用由发包人承担。

【考点 8】合同解除的价款结算与支付（☆☆☆）[21 第二批、22 单选]

1．因不可抗力解除合同

因不可抗力解除合同（无法履行连续超过 84d 或累计超过 140d）	（1）合同解除前承包人已完成工作的价款。 （2）承包人为工程订购的并已交付给承包人，或承包人有责任接受交付的材料、工程设备和其他物品的价款。 （3）发包人要求承包人退货或解除订货合同而产生的费用，或因不能退货或解除合同而产生的损失。 （4）承包人撤离施工现场以及遣散承包人人员的费用。 （5）按照合同约定在合同解除前应支付给承包人的其他款项。 （6）扣减承包人按照合同约定应向发包人支付的款项。 （7）双方商定或确定的其他款项

2．因发包人违约与承包人违约解除合同

发包人违约	承包人违约
（1）因发包人原因未能在计划开工日期前 7d 内下达开工通知的。 （2）因发包人原因未能按合同约定支付合同价款的。 （3）发包人违反《示范文本》"变更的范围"条款第（2）项约定，自行实施被取消的工作或转由他人实施的。 （4）发包人提供的材料、工程设备的规格、数量或质量不符合合同约定，或因发包人原因导致交货日期延误或交货地点变更等情况的。 （5）因发包人违反合同约定造成暂停施工的。 （6）发包人无正当理由没有在约定期限内发出复工指示，导致承包人无法复工的。 （7）发包人明确表示或者以其行为表明不履行合同主要义务的。 （8）发包人未能按照合同约定履行其他义务的	（1）承包人违反合同约定进行转包或违法分包的。 （2）承包人违反合同约定采购和使用不合格的材料和工程设备的。 （3）因承包人原因导致工程质量不符合合同要求的。 （4）承包人违反《示范文本》"材料与设备专用要求"条款的约定，未经批准，私自将已按照合同约定进入施工现场的材料或设备撤离施工现场的。 （5）承包人未能按施工进度计划及时完成合同约定的工作，造成工期延误的。 （6）承包人在缺陷责任期及保修期内，未能在合理期限对工程缺陷进行修复，或拒绝按发包人要求进行修复的。 （7）承包人明确表示或者以其行为表明不履行合同主要义务的。 （8）承包人未能按照合同约定履行其他义务的

 除专用合同条款另有约定外，承包人按《示范文本》"发包人违约的情形"条款约定暂停施工满 28d 后，发包人仍不纠正其违约行为并致使合同目的不能实现的，或发包人明确表示或者以其行为表明不履行合同主要义务的，承包人有权解除合同，发包人应承担由此增加的费用，并支付承包人合理的利润。

2Z102050 施工成本管理的任务、程序和措施

【考点1】施工成本管理的任务和程序（☆☆☆☆☆）

1．两个概念

施工成本——在建设工程项目的施工过程中所发生的全部生产费用的总和。

成本管理——在保证工期和满足质量要求的情况下，采取相应管理措施，包括组织措施、经济措施、技术措施、合同措施，把成本控制在计划范围内，并进一步寻求最大程度的成本节约。

2. 施工成本组成

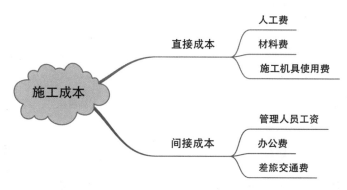

3. 施工成本管理的任务 [14、17、18、19、22 单选，14、17、21 第一批、22 多选]

任务	内容
成本计划	（1）以货币形式编制施工项目在计划期内的生产费用、成本水平、成本降低率以及为降低成本所采取的主要措施和规划的书面方案。 （2）是建立项目成本管理责任制、开展成本控制和核算的基础。 （3）是项目降低成本的指导文件，是设立目标成本的依据。 （4）项目成本计划一般由施工单位编制。 （5）成本计划可按成本组成、项目结构和工程实施阶段进行编制。 （6）编制成本计划时应遵循的原则：①从实际情况出发；②与其他计划相结合；③采用先进技术经济指标；④统一领导、分级管理；⑤适度弹性
成本控制	（1）将实际发生的各种消耗和支出严格控制在成本计划范围内。 （2）建设工程项目施工成本控制应贯穿于项目从投标阶段开始直至保证金返还的全过程。 （3）成本控制可分为事先控制、事中控制（过程控制）和事后控制
成本核算	（1）施工成本核算包括两个基本环节：一是对施工成本进行归集和分配，计算出施工费用的实际发生额；二是计算出该施工项目的总成本和单位成本。 （2）施工成本核算一般以单位工程为对象，但也可以按照承包工程项目的规模、工期、结构类型、施工组织和施工现场等情况，结合成本管理要求，灵活划分成本核算对象。 （3）竣工工程现场成本由项目管理机构进行核算分析，其目的在于分别考核项目管理绩效。 （4）竣工工程完全成本由企业财务部门进行核算分析，其目的在于考核企业经营效益
成本分析	（1）成本分析是在成本核算的基础上，对成本的形成过程和影响成本升降的因素进行分析，以寻求进一步降低成本的途径。 （2）成本分析贯穿于施工成本管理的全过程。 （3）成本偏差的控制，分析是关键，纠偏是核心
成本考核	成本考核是指在项目完成后，对项目成本形成中的各责任者，按项目成本目标责任制的有关规定，将成本的实际指标与计划、定额、预算进行对比和考核，评定施工项目成本计划的完成情况和各责任者的业绩，并以此给予相应的奖励和处罚

 提示

前一步是后一步的基础。

4. 成本管理的程序

成本管理的程序：
1. 掌握生产要素的价格信息
2. 确定项目合同价
3. 编制成本计划，确定成本实施目标
4. 进行成本控制
5. 进行项目过程成本分析
6. 进行项目过程成本考核
7. 编制项目成本报告
8. 项目成本管理资料归档

【考点2】施工成本管理的任务和程序（☆☆☆☆☆）
[13、17、20、21第一批、21第二批、22单选，14、16、19、20多选]

措施	具体内容
组织措施	（1）实行项目经理责任制。 （2）落实施工成本管理的组织机构和人员，明确各级施工成本管理人员的任务和职能分工、权利和责任。 （3）编制施工成本控制工作计划，确定合理详细的工作流程。 （4）加强施工定额管理和施工任务单管理，控制活劳动和物化劳动的消耗。 （5）加强施工调度，避免因施工计划不周和盲目调度造成窝工损失、机械利用率降低、物料积压。 简记：**组织、部门、人员、分工、流程**
技术措施	（1）进行技术经济分析，确定最佳的施工方案。 （2）结合施工方法，进行材料使用的比选，在满足功能要求的前提下，通过代用、改变配合比、使用添加剂等方法降低材料消耗的费用。 （3）确定最合适的施工机械、设备使用方案。 （4）结合项目的施工组织设计及自然地理条件，降低材料的库存成本和运输成本。 （5）应用先进的施工技术，运用新材料，使用先进的机械设备。 简记：**方案、方法、设计、技术**
经济措施	（1）编制资金使用计划，确定、分解施工成本管理目标。 （2）对施工成本管理目标进行风险分析，并制定防范性对策。 （3）施工中严格控制各项开支，及时准确地记录、收集、整理、核算实际支出的费用。 （4）对各种变更，及时做好增减账，及时落实业主签证，及时结算工程款。 （5）通过偏差原因分析和未完工程施工成本预测，发现一些潜在的可能引起未完工程施工成本增加的问题，及时采取预防措施。 简记：**资金、激励**
合同措施	（1）选用合适的合同结构。 （2）在合同的条款中应仔细考虑一切影响成本和效益的因素，特别是潜在的风险因素。 简记：**与合同有关**

2Z102060 施工成本计划和成本控制

【考点1】施工成本计划的类型（☆☆☆）

1. 施工成本计划的类型 [14、20 单选]

类型	阶段	依据	编制
竞争性成本计划	投标及签订合同阶段的估算成本计划	招标文件中的合同条件、投标者须知、技术规范、设计图纸和工程量清单	对本企业完成投标工作所需要支出的全部费用进行估算。总体上比较粗略
指导性成本计划	选派项目经理阶段的预算成本计划	合同价	按照企业的预算定额确定
实施性成本计划	施工准备阶段的施工预算成本计划	项目实施方案	采用企业的施工定额通过施工预算的编制而形成

2. 施工预算和施工图预算的区别 [16、21 第二批单选]

两算	施工预算	施工图预算
编制依据	施工定额	预算定额
适用范围	施工企业内部管理用，与发包人无直接关系	既适用于发包人，又适用于承包人
发挥作用	承包人组织生产、编制施工计划、准备现场材料、签发任务书、考核工效、进行经济核算的依据，它也是承包人改善经营管理、降低生产成本和推行内部经营承包责任制的重要手段	投标报价的主要依据

 施工预算考虑的是施工方案，施工图预算考虑的是综合性的。

3. 施工预算和施工图预算的对比方法和内容

对比方法		实物对比法和金额对比法
对比内容	人工量及人工费	施工预算的人工数量及人工费比施工图预算一般要低 6% 左右
	材料消耗量及材料费	施工预算的材料消耗量及材料费一般低于施工图预算
	施工机具费	施工预算机具费指施工作业所发生的施工机械、仪器仪表使用费或其租赁费。而施工图预算的施工机具是计价定额综合确定的，与实际情况可能不一致。因此，施工机具部分只能采用两种预算的机具费进行对比分析
	周转材料使用费	施工预算的脚手架：根据施工方案确定的搭设方式和材料计算。施工图预算综合了脚手架搭设方式，按不同结构和高度，以建筑面积为基数计算。施工预算的模板按混凝土与模板的接触面积计算。施工图预算的模板则按混凝土体积综合计算。因此，周转材料宜按其发生的费用进行对比分析

【考点2】施工成本计划的编制依据和程序（☆☆☆）

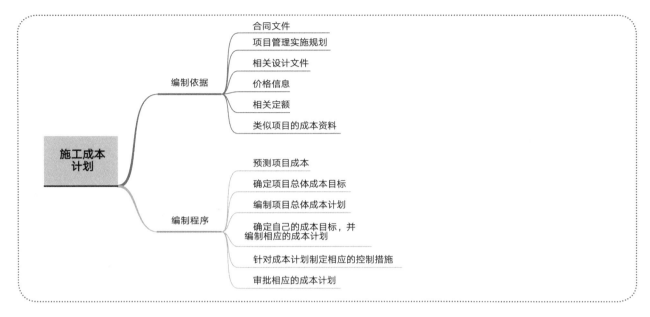

【考点3】施工成本计划的编制方法（☆☆☆☆☆）

[13、15、16、17、18、19、21第一批、22单选，13、15多选]

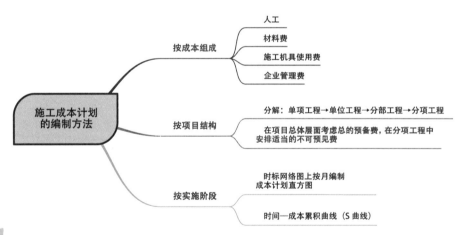

 （1）会利用直方图和S曲线计算。

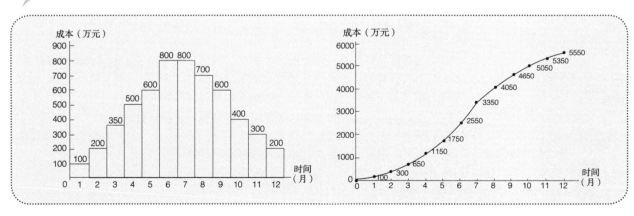

左图为直方图，右图为 S 曲线图。左图 5 月份对应的 600 万元，代表的是 5 月份计划成本是 600 万元。右图 5 月份对应的 1750 万元，代表的是前 5 个月共计 1750 万元。

S 形曲线必然包络在由全部工作都按最早开始时间开始和全部工作都按最迟必须开始时间开始的曲线所组成的"香蕉图"内。

一般而言，所有工作都按最迟开始时间开始，对节约资金贷款利息是有利的，降低了项目按期竣工的保证率。

（2）S 曲线的绘制步骤：

① 确定工程项目进度计划，编制进度计划的横道图；

② 根据每单位时间内完成的实物工程量或投入的人力、物力和财力，计算单位时间（月或旬）的成本，在时标网络图上按时间编制成本支出计划；

③ 计算规定时间 t 计划累计支出的成本额，其计算方法为：各单位时间计划完成的成本额累加求和；

④ 按各规定时间的 Q_t 值，绘制 S 形曲线。

总结：先进度，后成本（单位、累计），再绘图。

【考点 4】施工成本控制的依据和程序（☆☆☆）[20 单选]

1．成本控制的依据

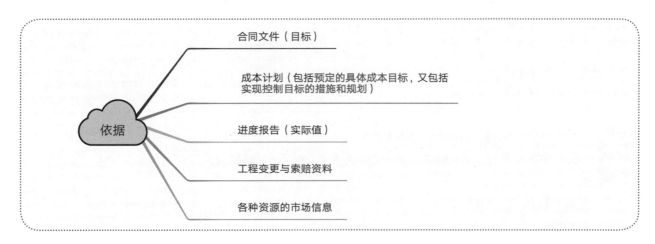

2．成本控制的程序

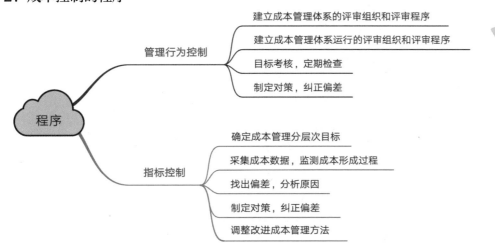

提示 管理行为控制程序是对成本全过程控制的基础，指标控制程序则是成本进行过程控制的重点。两个程序既相对独立又相互联系，既相互补充又相互制约。

【考点5】施工成本控制的方法（☆☆☆☆☆）

1. 赢得值法 [13、13、16、17、18、19、21第一批单选，14、15、16、17多选]

（1）3个基本参数

参数	计算	说明	理想状态
已完工作预算费用（BCWP）	已完成工作量 × 预算单价	实际希望支付的钱（执行预算）	ACWP、BCWS、BCWP 三条曲线靠得很近、平稳上升，表示项目按预定计划目标进行。如果三条曲线离散度不断增加，则可能出现较大的投资偏差
计划工作预算费用（BCWS）	计划工作量 × 预算单价	希望支付的钱（计划预算）	
已完工作实际费用（ACWP）	已完成工作量 × 实际单价	实际支付的钱（执行成本）	

（2）4个评价指标

指标	计算	记忆	评价	记忆	说明	意义
投资偏差（CV）	BCWP – ACWP	两"已完"相减，预算减实际	< 0，超支；> 0，节支	得负不利得正有利	反映的是绝对偏差，仅适合于对同一项目作偏差分析	在项目的投资、进度综合控制中引入赢得值法，可以克服过去进度、投资分开控制的缺点。赢得值法即可定量地判断进度、投资的执行效果
进度偏差（SV）	BCWP – BCWS	两"预算"相减，已完减计划	< 0，延误；> 0，提前			
投资绩效指数（CPI）	BCWP/ACWP	—	< 1，超支；> 1，节支	大于1有利；小于1不利	反映的是相对偏差，在同一项目和不同项目比较中均可采用	
进度绩效指数（SPI）	BCWP/BCWS	—	< 1，延误；> 1，提前			

> **口助诀记**
> 已完预算是挣值，比较需要同口径。
> 偏差相减与零比，指数相除与一比；大于0、大于1都有利。

2. 偏差分析的表达方法

横道图法：形象、直观、一目了然，能够准确表达出费用的绝对偏差。

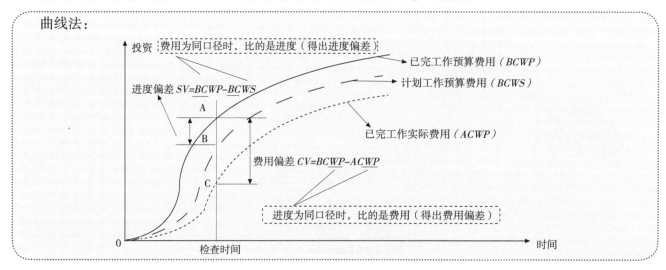

曲线法：

3. 偏差原因分析 [17、21 第二批单选]

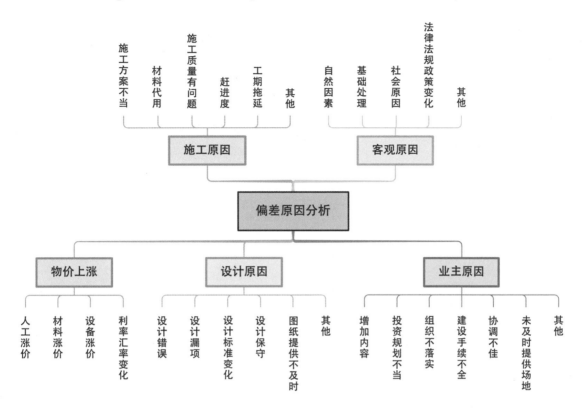

2Z102070 施工成本核算、成本分析和成本考核

【考点1】施工成本核算的原则、依据、范围和程序（☆☆☆）[15、20单选，17多选]

原则	坚持形象进度、产值统计、成本归集同步的原则，即三者的取值范围应是一致的
依据	（1）各种财产物资的收发、领退、转移、报废、清查、盘点资料。 （2）原始记录和工程量统计资料。 （3）各项内部消耗定额以及内部结算指导价
范围	（1）直接费用包括：①耗用的材料费用；②耗用的人工费用；③耗用的机械使用费；④其他直接费用。 （2）间接费用
程序	（1）对所发生的费用进行审核，以确定应计入工程成本的费用和计入各项期间费用的数额。 （2）将应计入工程成本的各项费用，区分为哪些应当计入本月的工程成本，哪些应由其他月份的工程成本负担。 （3）将每个月应计入工程成本的生产费用，在各个成本对象之间进行分配和归集，计算各工程成本。 （4）对未完工程进行盘点，以确定本期已完工程实际成本。 （5）将已完工程成本转入工程结算成本，核算竣工工程实际成本

【考点2】施工成本核算的方法（☆☆☆）

方法	优点	缺点	适用
表格核算法	简便易懂，方便操作，实用性较好	难以实现较为科学严密的审核制度，精度不高，覆盖面较小	进行工程项目施工各岗位成本的责任核算和控制
会计核算法	科学严密，人为控制的因素较小而且核算的覆盖面较大	对核算工作人员的专业水平和工作经验都要求较高	进行工程项目成本核算。项目财务部门一般采用此种方法

【考点3】施工成本分析的依据、内容和步骤（☆☆☆）

1. 成本分析的依据

依据	范围	适用	目的
会计核算	最小	一般是对已经发生的经济活动进行核算	主要是价值核算
业务核算	最广	核算已经完成的项目是否达到原定的目的、取得预期的效果，也可以对尚未发生或正在发生的经济活动进行核算	迅速取得资料，以便在经济活动中及时采取措施进行调整
统计核算	第二	一般是对已经发生的经济活动进行核算	不仅能提供绝对数指标，还能提供相对数和平均数指标，可以计算当前的实际水平，还可以确定变动速度以预测发展的趋势

 提示 成本分析的依据还包括：项目成本计划；项目成本核算资料。会计核算、业务核算和统计核算是主要依据。

三种核算方法很容易混淆，要记准关键知识。业务核算可考内容最多，考的概率最大。

2. 成本分析的内容与步骤 [21第一批单选]

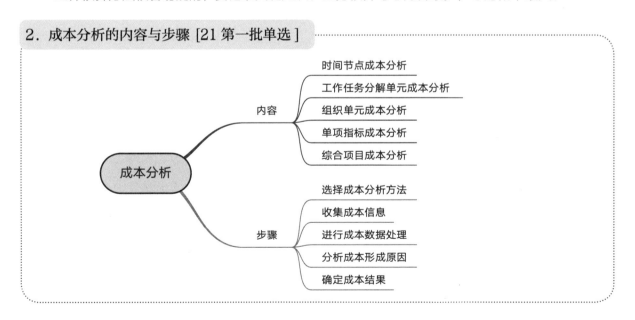

成本分析
- 内容
  - 时间节点成本分析
  - 工作任务分解单元成本分析
  - 组织单元成本分析
  - 单项指标成本分析
  - 综合项目成本分析
- 步骤
  - 选择成本分析方法
  - 收集成本信息
  - 进行成本数据处理
  - 分析成本形成原因
  - 确定成本结果

【考点4】施工成本分析的方法（☆☆☆☆☆）

1. 成本分析的基本方法 [13、18、21 第二批、22 单选，14 多选]

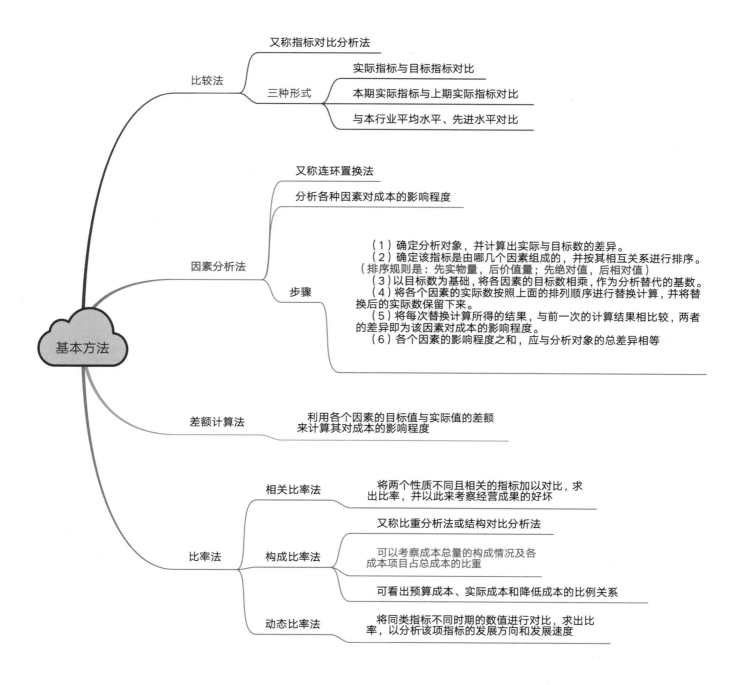

提示

替换过程中，一次只能替换一个变量，已经替换的数据保留，每次替换与前一次比较。

2. 综合成本的分析方法 [14、15、18、19、20单选，19多选]

方法	内容
分部分项工程成本分析	分部分项工程成本分析是施工项目成本分析的基础。 分析的对象为已完成分部分项工程。 分析的方法是：进行预算成本、目标成本和实际成本的"三算"对比。 资料来源为：预算成本来自投标报价成本，目标成本来自施工预算，实际成本来自施工任务单的实际工程量、实耗人工和限额领料单的实耗材料。 对于那些主要分部分项工程必须进行成本分析，而且要做到从开工到竣工进行系统的成本分析
月（季）度成本分析	（1）通过实际成本与预算成本的对比，分析当月（季）的成本降低水平。 （2）通过实际成本与目标成本的对比，分析目标成本的落实情况以及目标管理中的问题和不足。 （3）通过对各成本项目的成本分析，可以了解成本总量的构成比例和成本管理的薄弱环节。 （4）通过主要技术经济指标的实际与目标对比，分析产量、工期、质量、"三材"节约率、机械利用率等对成本的影响。 （5）通过对技术组织措施执行效果的分析，寻求更加有效的节约途径。 （6）分析其他有利条件和不利条件对成本的影响
年度成本分析	企业成本要求一年结算一次，不得将本年成本转入下一年度。 分析的依据是年度成本报表。 重点是针对下一年度的施工进展情况制定切实可行的成本管理措施，以保证施工项目成本目标的实现
竣工成本的综合分析	（1）竣工成本分析。 （2）主要资源节超对比分析。 （3）主要技术节约措施及经济效果分析。 通过以上分析，可以全面了解单位工程的成本构成和降低成本的来源，对今后同类工程的成本管理提供参考

 提示 分部分项工程成本分析是考查的重点，应优先掌握。

3. 成本项目的分析方法

包括：人工费分析、材料费分析、机械使用费分析和管理费分析。

4. 专项成本分析方法

专项成本分析方法
- 成本盈亏异常分析
- 工期成本分析
  - 采用比较法，将计划工期成本与实际工期成本比较
  - 应用因素分析法分析各种因素的变动对工期成本差异的影响程度
- 资金成本分析
  - 应用成本支出率指标
  - 成本支出率＝计算期实际成本支出／计算期实际工程款收入 ×100%

通过对"成本支出率"的分析，可以看出资金收入中用于成本支出的比重。结合储备金和结存资金的比重，分析资金使用的合理性。

成本项目的分析方法与专项成本分析方法如果考查多项选择题，会相互作为干扰选项。

【考点 5】施工成本考核的依据和方法（☆☆☆）[13、16、21 第二批单选、18 多选]

成本考核的依据包括成本计划、成本控制、成本核算和成本分析的资料。成本考核的主要依据是成本计划确定的各类指标。

数量指标	总成本指标、计划成本指标（一个数字）
质量指标	项目总成本降低率（百分比）
效益指标	项目总成本降低额（差额）

成本考核的主要指标：项目成本降低额、项目成本降低率。

2Z103000 施工进度管理

2Z103010 建设工程项目进度控制的目标和任务

【考点1】建设工程项目总进度目标（☆☆☆☆☆）

1. 建设工程项目的总进度目标的内涵 [13、14、17 单选、15、20、22 多选]

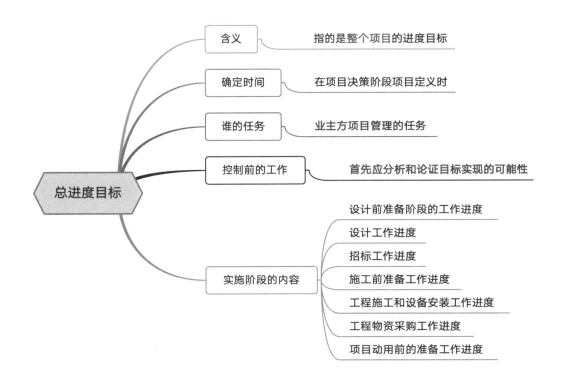

总进度目标
- 含义 —— 指的是整个项目的进度目标
- 确定时间 —— 在项目决策阶段项目定义时
- 谁的任务 —— 业主方项目管理的任务
- 控制前的工作 —— 首先应分析和论证目标实现的可能性
- 实施阶段的内容
  - 设计前准备阶段的工作进度
  - 设计工作进度
  - 招标工作进度
  - 施工前准备工作进度
  - 工程施工和设备安装工作进度
  - 工程物资采购工作进度
  - 项目动用前的准备工作进度

提示 含义，属于谁的管理任务，控制前的工作都是典型的单项选择题采分点，考核题目也都比较简单。项目总进度的内容一般会以多项选择题进行考核。

2. 建设工程项目总进度目标的论证 [13、16、17、18、20、21 第二批、22 单选，18 多选]

总进度目标论证内容：总进度规划的编制工作，工程实施的条件分析和工程实施策划方面的问题。

大型建设工程项目总进度目标论证的核心工作：通过编制总进度纲要论证总进度目标实现的可能性。

总进度纲要的主要内容包括：

（1）项目实施的总体部署；

（2）总进度规划；

（3）各子系统进度规划；

（4）确定里程碑事件的计划进度目标；

（5）总进度目标实现的条件和应采取的措施等。

总进度目标论证的步骤：

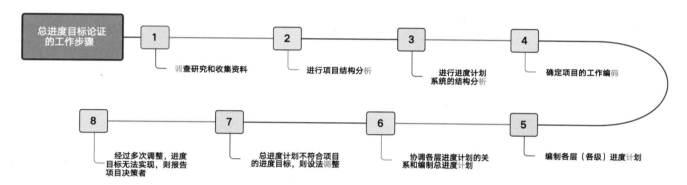

| 口助诀记 | 总进度目标论证时，调析（双析）码计（双计）后再调整。
理解步骤2在步骤3之前，步骤5在步骤6之前（先分后总），此类题就是送分题。 |

3. 建设工程项目进度计划系统 [14、19、21 第一批单选，14、16、17、22 多选]

建设工程项目进度计划系统由多个相互关联的进度计划组成的系统，它是逐步完善的。业主方和各参与方应编制多个不同的计划系统。

不同需要和不同用途构建	具体计划系统	内部关系
不同深度构成的	（1）总进度规划（计划）。 （2）子系统进度规划（计划）。 （3）子系统中的单项工程进度计划	联系和协调
不同功能构成的	（1）控制性、指导性进度规划（计划）。 （2）实施性（操作性）进度计划	联系和协调
不同项目参与方构成的	（1）业主方编制的整个项目实施的进度计划。 （2）设计进度计划。 （3）施工和设备安装进度计划。 （4）采购和供货进度计划	联系和协调
不同周期构成的	（1）5年或多年建设进度计划。 （2）年度、季度、月度和旬计划	—

【考点2】建设工程项目进度控制的任务（☆☆☆）
[15单选、20单选、20、21第二批多选]

参与方	控制角度	依据	具体内容
业主方	整个项目实施阶段的进度	—	控制设计准备阶段的工作进度、设计工作进度、施工进度、物资采购工作进度以及项目动用前准备阶段的工作进度
设计方	设计进度	设计任务委托合同	（1）设计方应尽可能使设计工作的进度与招标、施工和物资采购等工作进度相协调。 （2）设计进度计划主要是确定各设计阶段的设计图纸（包括有关的说明）的出图计划
施工方	施工进度	施工任务委托合同	应视项目的特点和施工进度控制的需要，编制深度不同的控制性和直接指导项目施工的进度计划，以及按不同计划周期编制的计划，如年度、季度、月度和旬计划等
供货方	供货进度	供货合同	包括供货的所有环节，如采购、加工制造、运输等

 提示 通过上表不难理解，业主方和项目各参与方都有进度控制的任务，控制的目标和时间范畴是不相同的。

2Z103020 施工进度计划的类型及其作用

【考点1】施工进度计划类型（☆☆☆☆）
[13、21第二批、22单选，13、18、21第一批多选]

类型	范畴	依据	具体内容
施工生产计划	企业计划的范畴	施工任务量、企业经营的需求和资源利用的可能性	年度生产计划、季度生产计划、月度生产计划和旬生产计划等
项目施工进度计划	工程项目管理的范畴	企业施工生产计划的总体安排和履行施工合同的要求，以及施工的条件和资源利用的可能性	（1）整个项目施工总进度方案、施工总进度规划、施工总进度计划。（小型项目，只需编制施工总进度计划） （2）子项目施工进度计划、单体工程施工进度计划。 （3）项目施工的年度施工计划、项目施工的季度施工计划、项目施工的月度施工计划和旬施工作业计划

【考点2】控制性与实施性施工进度计划的作用（☆☆☆☆☆）

[13、15、18、20、21第一批单选，14、15、16、17、20、21第二批多选]

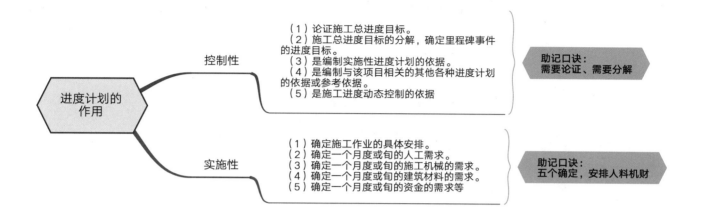

进度计划的作用

控制性
（1）论证施工总进度目标。
（2）施工总进度目标的分解，确定里程碑事件的进度目标。
（3）是编制实施性进度计划的依据。
（4）是编制与该项目相关的其他各种进度计划的依据或参考依据。
（5）是施工进度动态控制的依据

助记口诀：
需要论证、需要分解

实施性
（1）确定施工作业的具体安排。
（2）确定一个月度或旬的人工需求。
（3）确定一个月度或旬的施工机械的需求。
（4）确定一个月度或旬的建筑材料的需求。
（5）确定一个月度或旬的资金的需求等

助记口诀：
五个确定，安排人料机财

提示　一个工程项目的施工总进度规划或施工总进度计划是工程项目控制性施工进度计划。月度施工计划和旬施工作业计划是实施性施工进度计划。

控制性施工进度计划的编制的主要目的与控制性施工进度计划的作用是一致的，是考查的重点。

2Z103030 施工进度计划的编制方法

【考点1】横道图进度计划的编制方法（☆☆☆☆）

[14、16、18、19、21第二批、22单选]

横道图进度计划

优点 { 最简单并运用最广 —— 1

表示方法

表头为工作及其简要说明，项目进展表示在时间表格上；也可将工作简要说明直接放在横道上 —— 2

时间单位可以为小时、天、周、月等，通常这些时间单位用日历表示，此时可表示非工作时间，如：停工时间、公众假日、假期 —— 3

工作可按照时间先后、责任、项目对象、同类资源等进行排序 —— 4

用于小型项目或大型项目子项目上，或用于计算资源需要量、概要预示进度，也可用于其他计划技术的表示结果 —— 5

横道图进度计划

6	工序（工作）之间的逻辑关系可以设法表达，但不易表达清楚
7	适用于手工编制计划
8	不能确定计划的关键工作、关键路线与时差
9	计划调整只能用手工方式进行，其工作量较大
10	难以适应较大的进度计划系统

缺点

【考点2】工程网络计划的类型和应用（☆☆☆☆☆）

1. 双代号网络计划的基本概念 [13、18、20、21第一批、21第二批、22单选]

项目		采分点
双代号网络图		以箭线及其两端节点的编号表示工作的网络图
箭线（工作）	（1）双代号网络计划中虚工作的含义是什么？ （2）根据所给网络图，判断逻辑关系是否正确	工作名称标注在箭线的上方，完成该项工作所需要的持续时间标注在箭线的下方。 任意一条实箭线都要占用时间、消耗资源。 虚箭线既不占用时间，也不消耗资源，一般起着工作之间的联系、区分和断路三个作用。 在双代号网络图中，紧排在本工作之前的工作称为紧前工作；紧排在本工作之后的工作称为紧后工作；与之平行进行的工作称为平行工作
节点	（1）判断正确与错误说法的综合题目。 （2）对概念的考核	一项工作应当只有唯一的一条箭线和相应的一对节点，且要求箭尾节点的编号小于其箭头节点的编号。网络图节点的编号顺序应从小到大，可不连续，但不允许重复。 简记：箭线节点一对一，箭尾号小于头号，编号顺序小到大，不重复可不连续
线路	判断正确与错误说法的综合题目	网络图中从起始节点开始，沿箭头方向顺序通过一系列箭线与节点，最后达到终点节点的通路称为线路。 在各条线路上，有一条或几条线路的总时间最长，称为关键线路
逻辑关系	可能会根据所给网络图，判断工作的先后顺序	包括工艺关系和组织关系，在网络中均应表现为工作之间的先后顺序

 提示 箭线、节点、线路、逻辑关系等基本概念，需要理解，不需要死记硬背。

2．双代号网络计划的绘图规则 [14、15、16、17、19、21 第二批单选，13 多选]

（1）必须正确表达已定的逻辑关系。

（2）严禁出现循环回路。

（3）在节点之间严禁出现带双向箭头或无箭头的连线。

（4）严禁出现没有箭头节点或没有箭尾节点的箭线。

（5）当双代号网络图的某些节点有多条外向箭线或多条内向箭线时，可使用母线法绘制。

（6）绘制网络图时，箭线不宜交叉。（如果说箭线不能交叉是说法错误）

（7）双代号网络图中应只有一个起点节点和一个终点节点（多目标网络计划除外），而其他所有节点均应是中间节点。

（8）双代号网络图应条理清楚，布局合理。

 提示 在《专业实务》科目中有可能需要考生亲自绘制双代号网络计划，再根据网络计划解决其他问题。所以网络图的绘图规则是必须要掌握的。

快速正确判断双代号网络图中错误的画法：

类型	错误画法	图例
是否存在多个起点节点？	如果存在两个或两个以上的节点只有外向箭线、而无内向箭线，就说明存在多个起点节点。图中节点①和②就是两个起点节点	
是否存在多个终点节点？	如果存在两个或两个以上的节点只有内向箭线，而无外向箭线，就说明存在多个终点节点。图中节点⑧、⑨就是两个终点节点	
是否存在节点编号错误？	（1）如果箭尾节点的编号大于箭头节点的编号，就说明存在节点编号错误	
	（2）如果节点的编号出现重复，就说明存在节点编号错误	
是否存在工作代号重复？	如果某一工作代号出现两次或两次以上，就说明工作代号重复。图中的工作 C 出现了两次	
是否存在多余虚工作？	（1）判断一条箭线是否多余，就是把它去掉后，看看有没有改变原来工作的逻辑关系，如果紧前、紧后工作均无变化，那些虚箭线就是多余的。图中虚工作⑤→⑥是多余的。 （2）如果某一虚工作的紧前工作只有虚工作，那么该虚工作是多余的；图中虚工作⑤→⑥是多余的	
	（3）如果某两个节点之间既有虚工作，又有实工作，那么该虚工作也是多余的。下图虚工作②→④是多余的	

<table>
<tr><th>类型</th><th>错误画法</th><th>图例</th></tr>
<tr><td>是否存在循环回路？</td><td>如果从某一节点出发沿着箭线的方向又回到了该节点，这就说明存在循环回路</td><td>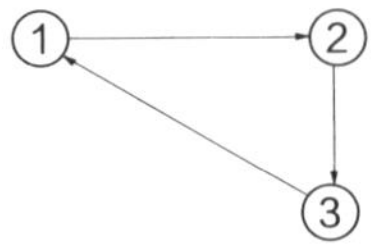</td></tr>
<tr><td>是否存在逻辑关系错误？</td><td>根据题中所给定的逻辑关系逐一在网络图中核对，只要有一处与给定的条件不相符，就说明逻辑关系错误。图中，工作 H 的紧前工作是 C、D 和 E，可以确定逻辑关系错误</td><td>
<table>
<tr><td>工作名称</td><td>A</td><td>B</td><td>C</td><td>D</td><td>E</td><td>G</td><td>H</td><td>I</td></tr>
<tr><td>紧前工作</td><td>–</td><td>–</td><td>A</td><td>A</td><td>A,B</td><td>C</td><td>D</td><td>E</td></tr>
</table>
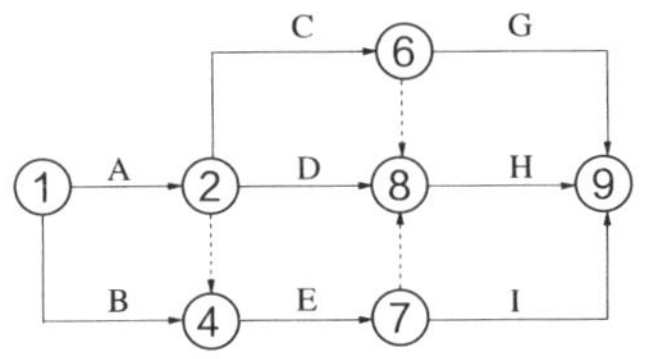</td></tr>
</table>

3．双代号网络计划时间参数的计算 [13、14、16、17、18、19、20、21 第二批、22 单选，15、19、21 第二批、22 多选]

（1）最早开始时间与最早完成时间

最早开始时间	起点节点：为 0。 其他工作：max{ 各紧前工作最早完成时间 }
最早完成时间	本工作最早开始时间 + 持续时间

简记：最早看紧前，多个取最大，紧前未知可顺推。

（2）计算工期

计算工期 =max{ 终点节点为箭头节点的各工作的最早完成时间 }=max{ 终点节点为箭头节点的工作的最早开始时间 + 持续时间 }

（3）最迟完成时间和最迟开始时间

最迟完成时间	终点节点：等于网络计划的计划工期。 其他工作：min{ 各紧后工作最迟开始时间 }
最迟开始时间	最迟完成时间 – 持续时间

简记：最迟看紧后，多个取最小，紧后未知可顺推。

（4）总时差

①在双代号网络计划中，如果某工作只有唯一一条线路通过，那么该工作的总时差等于该条线路的总时差。如果某工作不止一条线路通过，那么该工作的总时差就等于所通过的各条线路总时差的最小值。

②双代号网络计划中的某工作的总时差就等于该双代号网络计划的计算工期减去经过该工作的所有线路的持续时间之和的最大值。

③取最小值法

一找——找出经过该工作的所有线路。注意一定要找全，如果找不全，可能会出现错误。

一加——计算各条线路中所有工作的持续时间之和。

一减——分别用计算工期减去各条线路的持续时间之和。

取小——取相减后的最小值就是该工作的总时差。

（5）自由时差

有紧后工作的工作	自由时差 =min{ 本工作之紧后工作最早开始时间 – 本工作最早完成时间 }
无紧后工作的工作 （终点节点为完成节点的工作）	自由时差 = 计划工期 – 本工作最早完成时间

 提示 对于同一项目工作而言，自由时差不会超过总时差。当工作的总时差为 0 时，其自由时差必然为 0。

4．单代号网络计划的基本概念与绘图规则 [22 单选]

项目	采分点
单代号网络图	是以节点及其编号表示工作，以箭线表示工作之间逻辑关系的网络图
节点	每一个节点表示一项工作。 必须编号。编号标注在节点内，其号码可间断，但严禁重复。 箭线的箭尾节点编号应小于箭头节点的编号。 一项工作必须有唯一的一个节点及相应的一个编号
绘图规则	（1）必须正确表达已定的逻辑关系。 （2）严禁出现循环回路。 （3）严禁出现双向箭头或无箭头的连线。 （4）严禁出现没有箭尾节点的箭线和没有箭头节点的箭线。 （5）箭线不宜交叉，当交叉不可避免时，可采用过桥法或指向法绘制。 （6）只应有一个起点节点和一个终点节点

5．单代号网络计划时间参数的计算 [13、14、15、17、18、19、21 第一批、21 第二批单选，14、19 多选]

（1）工作的最早开始时间和最早完成时间

最早开始时间	起点节点：为 0。 其他工作：max{ 各紧前工作最早完成时间 }
最早完成时间	本工作的最早开始时间 + 持续时间

（2）计算工期

网络计划的计算工期等于其终点节点所代表的工作的最早完成时间。

（3）相邻两项工作之间的时间间隔

相邻两项工作之间的时间间隔 = 紧后工作的最早开始时间 – 本工作最早完成时间

（4）总时差与自由时差

	总时差	自由时差
终点节点所代表的工作	等于计划工期与计算工期之差。当计划工期等于计算工期时，该工作的总时差为零	等于计划工期与本工作的最早完成时间之差
其他工作	总时差 =min{ 本工作与其各紧后工作之间的时间间隔 + 紧后工作的总时差 }	自由时差 =min{ 本工作与其紧后工作之间时间间隔 }

（5）工作的最迟完成时间和最迟开始时间

工作的最迟完成时间和最迟开始时间	根据总时差计算	最迟完成时间 = 本工作的最早完成时间 + 总时差。最迟开始时间 = 本工作的最早开始时间 + 总时差
	根据计划工期计算	工作的最迟开始时间 = 本工作的最迟完成时间 – 持续时间之差。其他工作的最迟完成时间 =min{ 该工作各紧后工作最迟开始时间 }

 关于六时参数的计算方法，需要牢记不同数据的位置。

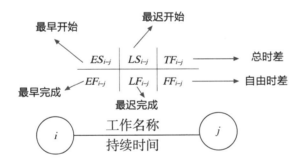

【考点 3】关键工作、关键线路和时差（☆☆☆☆☆）

1. 关键工作的确定 [21 第二批、22 单选，15 多选]

正确说法	错误说法
（1）总时差最小的工作是关键工作。 （2）最迟开始时间与最早开始时间相差最小的工作是关键工作。 （3）最迟完成时间与最早完成时间相差最小的工作是关键工作。 （4）关键线路上的工作均为关键工作	（1）双代号网络计划中两端节点均为关键节点的工作的关键工作。 （2）双代号网络计划中持续时间最长的工作是关键工作。 （3）单代号网络计划中与紧后工作之间时间为零的工作是关键工作

2. 关键线路的确定 [13、14、15、16、17 单选，13、14、15、18 多选]

正确说法	错误说法
（1）线路上所有工作持续时间之和最长的线路是关键线路。 （2）双代号网络计划中，当 $T_p = T_c$ 时，自始至终由总时差为 0 的工作组成的线路是关键线路。 （3）双代号网络计划中，自始至终由关键工作组成的线路是关键线路。 （4）关键线路上可能有虚工作存在。 （5）在单代号网络计划中，从起点节点到终点节点均为关键工作，且所有工作的时间间隔为零的线路为关键线路	（1）由总时差为零的工作组成的线路是关键线路 （2）关键线路只有一条。 （3）关键线路一经确定不可转移。 （4）时标网络计划中，自始至终不出现虚线的线路是关键线路

3. 时差的运用 [16 单选]

拖延时间	是否影响后续工作	是否影响总工期	差值
＞总时差	是	是	延误总工期的时间
＜总时差	—	否	—
＞自由时差	是	—	后续工作最早开始拖后的时间
＜自由时差	否	否	—

 提示 在《专业实务》科目中分析工期索赔问题时会涉及总时差的概念。考试中可能会考核通过总时差和自由时差的概念来解答的题目。

2Z103040 施工进度控制的任务和措施

【考点 1】施工进度控制的任务（☆☆☆☆☆）

[14、15、19、20、22 单选，13、14、15、16、18、21 第一批多选]

 提示 对比记忆施工进度计划检查的内容和施工进度计划调整的内容。

进度报告内容也要熟悉：

（1）进度计划实施情况的综合描述；

（2）实际工程进度与计划进度的比较；

（3）进度计划在实施过程中存在的问题及其原因分析；

（4）进度执行情况对工程质量、安全和施工成本的影响情况；

（5）将采取的整改措施；

（6）进度的预测。

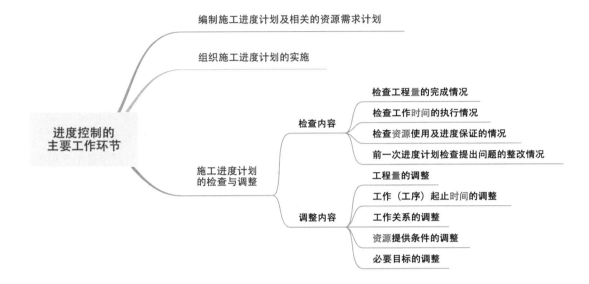

【考点 2】施工进度控制的措施（☆☆☆☆☆）

[13、14、15、16、17、18、19、20、22 单选，17、19、21 第二批多选]

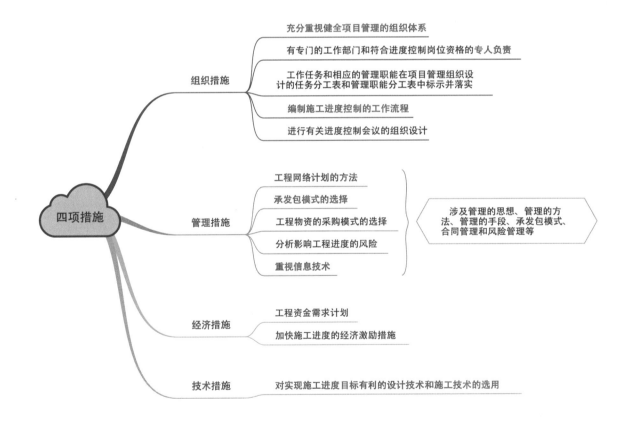

 提示　（1）凡中心意思是"体系"或"流程"的，有关人员及职责分工的，都为组织措施。

（2）承发包模式、风险、手段的，都为管理措施。

（3）直接与"钱"有关，都为经济措施。

（4）含有技术性质的工作，为技术措施。

2Z104000 施工质量管理

微信扫一扫
查看更多考点视频

2Z104010 施工质量管理与施工质量控制

【考点1】施工质量管理和施工质量控制的内涵（☆☆☆）

1. 质量管理和质量控制的内涵 [13、14、15、16 单选，14、15 多选]

质量：客体的一组固有特性满足要求的程度。

施工质量：是指建设工程施工活动及其产品的质量，即通过施工使工程的固有特性满足建设单位（业主或顾客）需要并符合国家法律、行政法规和技术标准、规范的要求。其质量特性主要体现在由施工形成的建设工程的适用性、安全性、耐久性、可靠性、经济性及与环境的协调性等六个方面。

质量管理：是在质量方面指挥和控制组织的协调活动，包括建立和确定质量方针和质量目标，并在质量管理体系中通过质量策划、质量保证、质量控制和质量改进等手段来实施全部质量管理职能，从而实现质量目标的所有活动。

施工质量管理：是指在工程项目施工安装和竣工验收阶段，指挥和控制施工组织关于质量的相互协调的活动，是工程项目施工围绕着使施工产品质量满足质量要求，而开展的策划、组织、计划、实施、检查、监督和审核等所有管理活动的总和。

质量控制：是质量管理的一部分，致力于满足质量要求。

2. 施工质量要达到的基本要求 [19、20 单选]

符合工程勘察、设计文件的要求	是要符合勘察、设计对施工提出的要求。以图纸、文件的形式对施工提出要求，是针对每个工程项目的个性化要求。这个要求可以归结为"按图施工"
符合《建筑工程施工质量验收统一标准》和相关专业验收规范的规定	要符合国家法律、法规的要求。国家建设主管部门为了加强建筑工程质量管理，规范建筑工程施工质量的验收，保证工程质量，制订相应的标准和规范。这个要求可以归结为"依法施工"
符合施工承包合同的要求	施工承包合同的约定具体体现了建设单位的要求和施工单位的承诺，全面反映对施工形成的工程实体在适用性、安全性、耐久性、可靠性、经济性和与环境的协调性等六个方面的质量要求。这个要求可以归结为"践约施工"

【考点2】影响施工质量的主要因素（☆☆☆☆☆）

[13、14、15、16、18、19、20、21第一批单选，17、19、21第二批多选]

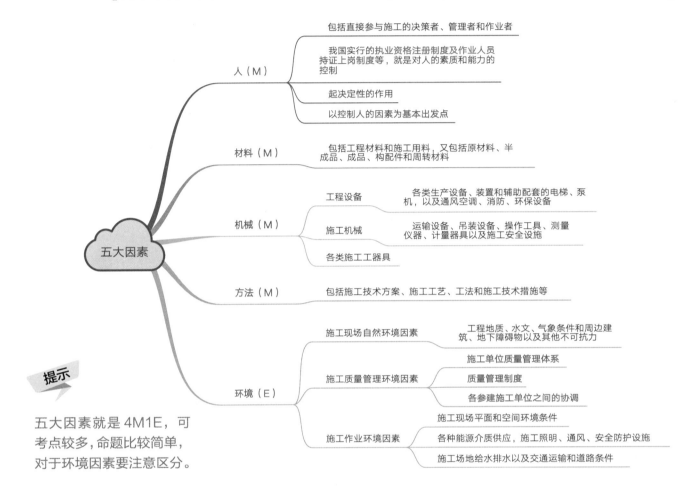

提示

五大因素就是4M1E，可考点较多，命题比较简单，对于环境因素要注意区分。

【考点3】施工质量控制的特点与责任（☆☆☆☆☆）

1. 施工质量控制的特点 [13、14、15、17单选，14、15、16、18多选]

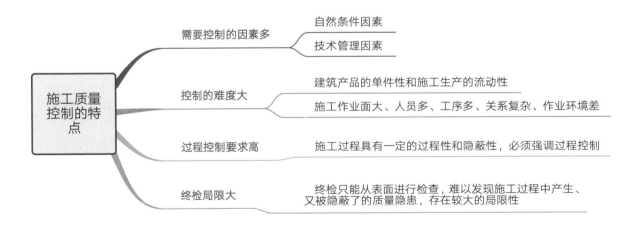

2. 施工质量控制的责任 [18、21 第二批单选，20、21 第一批、22 多选]

（1）《建设工程质量管理条例》的规定

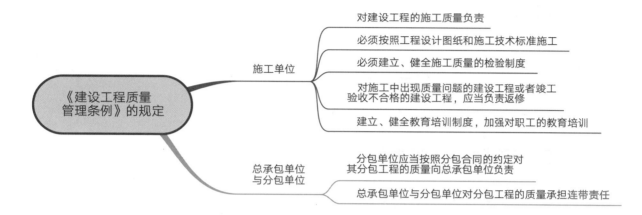

（2）《建筑施工项目经理质量安全责任十项规定（试行）》的规定

① 必须对工程项目施工质量安全负全责，负责建立质量安全管理体系，负责配备专职质量、安全等施工现场管理人员，负责落实质量安全责任制、质量安全管理规章制度和操作规程。

② 必须按照工程设计图纸和技术标准组织施工，不得偷工减料。

③ 负责组织编制施工组织设计，负责组织制定质量安全技术措施，负责组织编制、论证和实施危险性较大分部分项工程专项施工方案。

④ 负责组织质量安全技术交底。

⑤ 必须组织对进入现场的建筑材料、构配件、设备、预拌混凝土等进行检验，未经检验或检验不合格，不得使用。

⑥ 必须组织对涉及结构安全的试块、试件以及有关材料进行取样检测，送检试样不得弄虚作假，不得篡改或者伪造检测报告，不得明示或暗示检测机构出具虚假检测报告。

⑦ 必须组织做好隐蔽工程的验收工作，参加地基基础、主体结构等分部工程的验收，参加单位工程和工程竣工验收。

⑧ 必须在验收文件上签字，不得签署虚假文件。

（3）《建筑工程五方责任主体项目负责人质量终身责任追究暂行办法》

 提示 符合下列情形之一的，县级以上地方人民政府住房和城乡建设主管部门应当依法追究项目负责人的质量终身责任：

① 发生工程质量事故；

② 发生投诉、举报、群体性事件、媒体报道并造成恶劣社会影响的严重工程质量问题；

③ 由于勘察、设计或施工原因造成尚在设计使用年限内的建筑工程不能正常使用；

④ 存在其他需追究责任的违法违规行为。

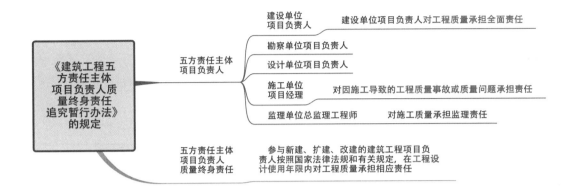

2Z104020 施工质量管理体系

【考点1】工程项目施工质量保证体系的建立和运行（☆☆☆☆☆）

1. 施工质量保证体系的内容 [13、14、15、17年、19、21第二批单选，14、15、16、17、18、21第一批多选]

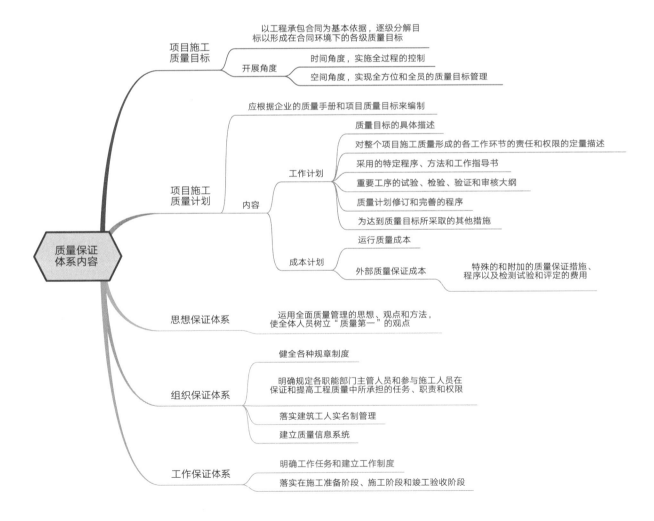

2. 施工质量保证体系的运行 [13、18、20、21 第一批单选，22 多选]

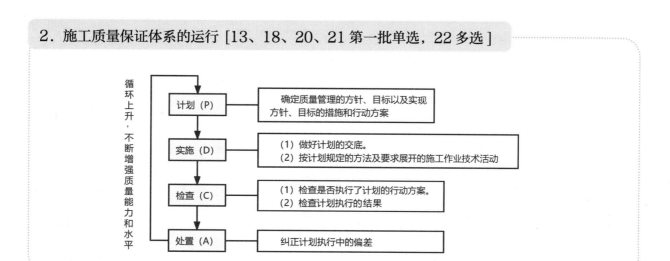

 施工质量保证体系的运行以质量计划为主线，以过程管理为重心。

【考点2】施工企业质量管理体系的建立和认证（☆☆☆☆☆）

1. 质量管理七项原则 [21 第二批单选，19 多选]

2. 质量管理体系文件的构成 [13、14、17、18、19、20、21 第一批、22 单选]

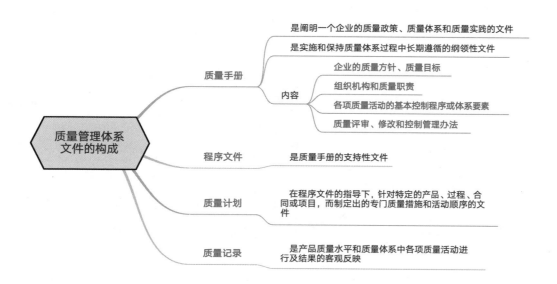

3．施工企业质量管理体系的认证与监督 [14、16、17、20、22 单选，21 第二批多选]

项目	采分点
施工企业质量管理体系由谁认证？	公正的第三方认证机构
企业获准认证的有效期是多少年？	三年
企业获准认证后应进行什么工作？	应经常性的进行内部审核，并每年一次接受认证机构对企业质量管理体系实施的监督管理

2Z104030 施工质量控制的内容和方法

【考点 1】施工质量控制的基本环节和一般方法（☆☆☆☆☆）

1．施工质量控制的基本环节 [15、19、21 第一批单选]

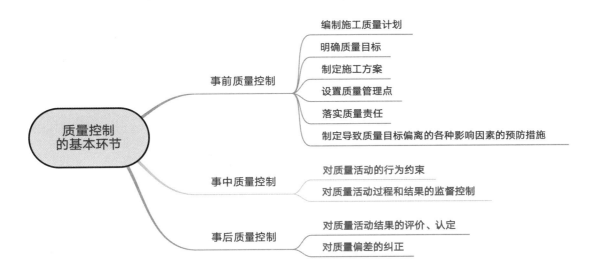

2．施工质量控制的一般方法 [13、14、15、20、21 第一批、21 第二批、22 单选]

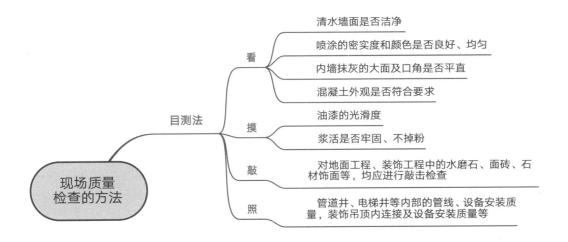

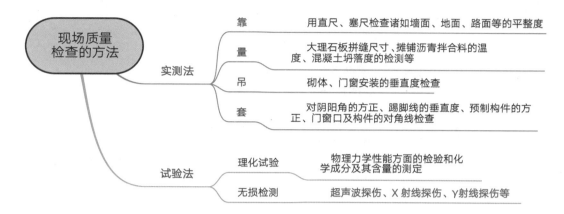

 提示 目测法，不需要借助量具检查；实测法需要借助量具。

现场质量检查的内容包括：开工前检查；工序交接检查（"三检"制度：自检、互检、专检）；隐蔽工程的检查；停工后复工的检查；分项、分部工程完工后的检查；成品保护检查。

【考点 2】施工准备的质量控制（☆☆☆☆）

1. 工程项目划分 [19 单选，22 多选]

项目	采分点
单位工程	具备独立施工条件并能形成独立使用功能的建筑物或构筑物为一个单位工程。 对于规模较大的单位工程，可将其能形成独立使用功能的部分划分为若干个子单位工程
分部工程	（1）可按专业性质、工程部位确定。 （2）当分部工程较大或较复杂时，可按材料种类、施工特点、施工程序、专业系统及类别等划分为若干子分部工程
分项工程	按主要工种、材料、施工工艺、设备类别等进行划分
检验批	按工程量、楼层、施工段、变形缝等进行划分

2. 施工准备的质量控制 [14、17、19、20、21 第一批、21 第二批单选]

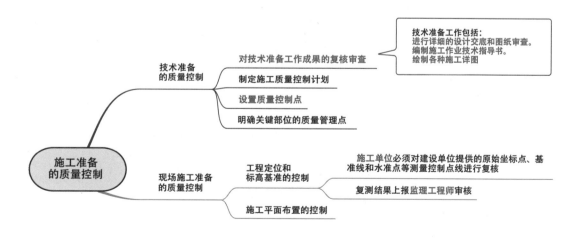

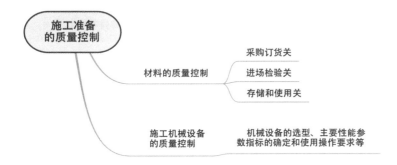

【考点 3】施工过程的质量控制（☆☆☆☆☆）
[13、14、15、16、17、18、19、21 第二批、22 单选]

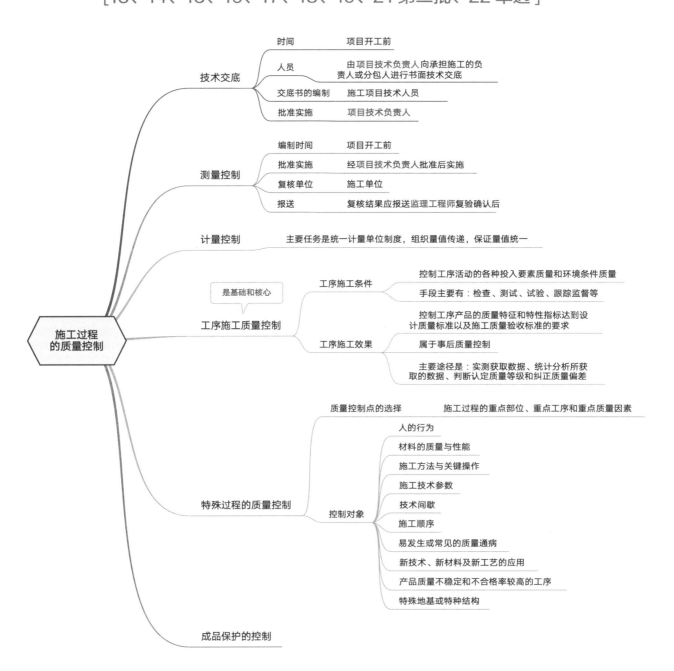

【考点4】施工质量验收的规定和方法（☆☆☆☆☆）

1. 施工过程的工程质量验收 [18、21第一批单选，13多选]

项目	合格规定	注意内容
检验批	（1）主控项目的质量经抽样检验均应合格。 （2）一般项目的质量经抽样检验合格。 （3）具有完整的施工操作依据、质量检查记录	最小单位。 合格质量主要取决于对主控项目和一般项目的检验结果。主控项目是对检验批的基本质量起决定性影响的检验项目，必须全部符合有关专业工程验收规范的规定
分项工程	（1）所含检验批的质量均应验收合格。 （2）所含检验批的质量验收记录应完整	—
分部工程	（1）所含分项工程的质量均应验收合格。 （2）质量控制资料应完整。 （3）有关安全、节能、环境保护和主要使用功能的检验结果应符合相应规定。 （4）观感质量应符合要求	观感质量要求：检查结果并不给出"合格"或"不合格"的结论，而是综合给出质量评价。对于评价为"差"的检查点应通过返修处理等补救
单位工程	（1）所含分部工程的质量均应验收合格。 （2）质量控制资料应完整。 （3）所含分部工程有关安全、节能、环境保护和主要使用功能的检验资料应完整。 （4）主要使用功能的抽查结果应符合相关专业质量验收规范的规定。 （5）观感质量应符合要求	—

2. 在施工过程的工程质量验收中发现质量不符合要求的处理办法 [20单选]

工程质量不符合要求的处理方式	相应的验收方式
返修或更换器具、设备	重新进行验收
经有资质的检测单位鉴定达到设计要求	予以验收
经检测鉴定达不到设计要求，但经原设计单位核算认可能满足安全和使用功能	可以予以验收
经返修或加固，能满足安全使用要求	可按技术处理方案和协商文件进行验收
通过返修和加固仍不能满足安全使用要求的	严禁验收

3. 施工项目竣工质量验收 [21第二批、22单选]

（1）施工项目竣工质量验收的依据与条件

项目	内容	说明
依据	7点：有关竣工验收的文件和规定，规范、标准，设计文件、图纸，合同，说明书，变更通知书，配合协议书	—

项目	内容	说明
验收条件	（1）完成工程设计和合同约定的各项内容。 （2）有完整的技术档案和施工管理资料。 （3）有工程使用的主要建筑材料、建筑构配件和设备的进场试验报告。 （4）有勘察、设计、施工、工程监理等单位分别签署的质量合格文件。 （5）有施工单位签署的工程质量保修书。	三完：内容完成、文件签完、资料完整

（2）施工项目竣工质量验收程序

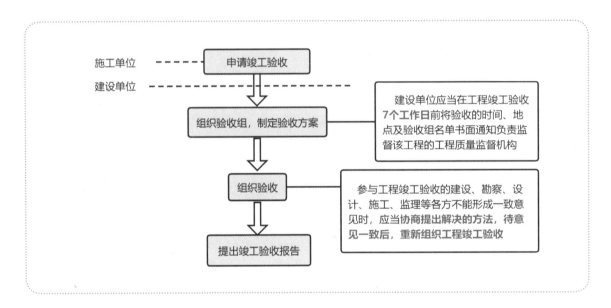

2Z104040 施工质量事故预防与处理

【考点1】工程质量事故分类（☆☆☆☆☆）

1. 工程质量事故的概念 [18、22 单选]

项目	概念
质量不合格	凡工程产品未满足质量要求，就称之为质量不合格
质量缺陷	与预期或规定用途有关的不合格，称为质量缺陷
质量问题	凡是工程质量不合格，必须进行返修、加固或报废处理，由此造成直接经济损失低于规定限额的称为质量问题

续表

项目	概念
质量事故	由于建设、勘察、设计、施工、监理等单位违反工程质量有关法律法规和工程建设标准，使工程产生结构安全、重要使用功能等方面的质量缺陷，造成人身伤亡或者重大经济损失的称为质量事故

2. 工程质量事故的分类

（1）按事故造成损失的程度分类 [14、16、20 单选，19 多选]

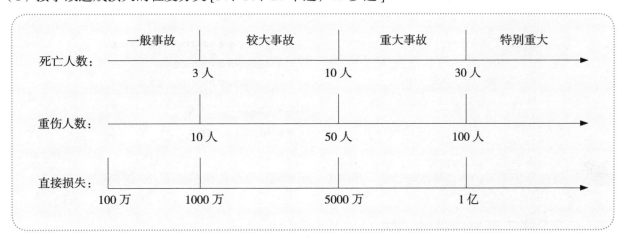

 每一事故等级所对应的 3 个条件是独立成立的，只要符合其中一条就可以判定，最后选择等级最高的作为正确答案。

注意等级标准中所称的以上包括本数，所称的以下不包括本数。

可以和"生产安全事故分类"联合到一起记忆，但需要注意有两个不同：①工程质量事故的直接经济损失有下限值 100 万元，低于 100 万元的是质量问题；②生产安全事故分类的重伤人数包括急性工业中毒。

（2）按事故责任分类 [15、16、19、21 第一批、21 第二批单选，17 多选]

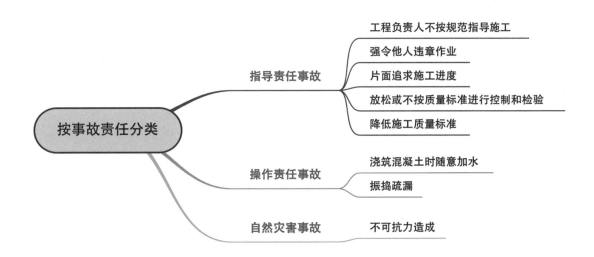

（3）按质量事故产生的原因分类 [14 单选，16、21 第二批多选]

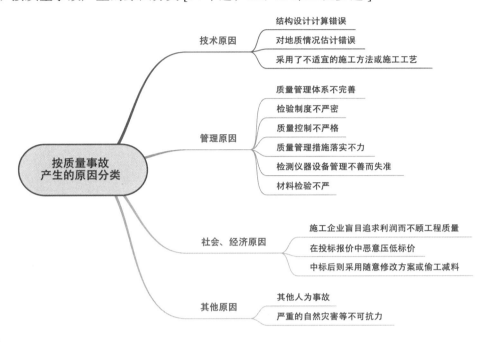

 管理原因引发的质量事故与社会、经济原因引发的质量事故是易混淆点，注意区分。

【考点 2】施工质量事故的预防（☆☆☆）[15 多选]

事故发生原因	预防的具体措施
（1）非法承包，偷工减料。 （2）违背基本建设程序。 （3）勘察设计的失误。 （4）施工的失误。 （5）自然条件的影响	（1）严格依法进行施工组织管理。 （2）严格按照基本建设程序办事。 （3）认真做好工程地质勘察。 （4）科学地加固处理好地基。 （5）进行必要的设计审查复核。 （6）严格把好建筑材料及制品的质量关。 （7）强化从业人员管理。 （8）强化施工过程的管理。 （9）做好应对不利施工条件和各种灾害的预案。 （10）加强施工安全与环境管理

【考点 3】施工质量事故的处理（☆☆☆☆☆）

1. 施工质量事故处理的依据 [18 多选]

（1）质量事故的实况资料。

（2）有关的合同文件。

（3）有关技术文件和档案。

（4）相关的建设法规。

2. 施工质量事故的处理程序 [15、18、19、21第一批、21第二批单选，13、21第一批多选]

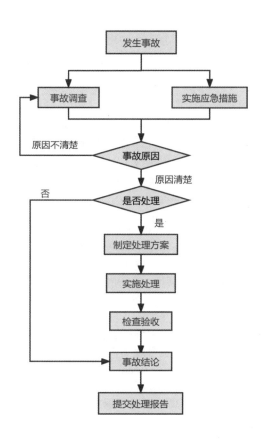

> **提示** 施工质量事故发生后，有关单位应当在24h内向当地建设行政主管部门和其他有关部门报告。对重大质量事故，事故发生地的建设行政主管部门和其他有关部门应当按照事故类别和等级向当地人民政府和上级建设行政主管部门和其他有关部门报告。
>
> 对事故实施处理包括两方面内容：事故的技术处理和事故的责任处罚。
>
> 质量事故调查和处理程序经常考查排序题目，可以这样记：调查原因、制定方案、处理验收、结论报告。

3. 事故调查报告与事故处理报告的内容 [14、20多选]

事故调查报告的内容	事故处理报告的内容
（1）工程项目和参建单位概况。 （2）事故基本情况。 （3）事故发生后所采取的应急防护措施。 （4）事故调查中的有关数据、资料。 （5）对事故原因和事故性质的初步判断，对事故处理的建议。 （6）事故涉及人员与主要责任者的情况等	（1）事故调查的原始资料、测试的数据。 （2）事故原因分析、论证。事故处理的依据。 （3）事故处理的方案及技术措施。 （4）实施质量处理中有关的数据、记录、资料。 （5）检查验收记录。 （6）事故处理的结论

4. 施工质量事故处理的基本要求 [22多选]

应达到安全可靠、不留隐患、满足生产和使用要求、施工方便、经济合理的目的

重视消除造成事故的原因，注意综合治理

质量事故处理的基本要求

正确确定处理的范围和正确选择处理的时间和方法

加强事故处理的检查验收工作，认真复查事故处理的实际情况

确保事故处理期间的安全

5. 施工质量问题和质量事故处理的基本方法 [13、16、17 单选]

方法	适用	举例
返修处理	当工程的某些部分的质量虽未达到规范、标准或设计规定的要求，存在一定的缺陷，但经过返修后可以达到要求的质量标准，又不影响使用功能或外观的要求时采用	（1）某些混凝土结构表面出现蜂窝、麻面，经调查分析，该部位经返修处理后，不会影响其使用及外观。 （2）结构受撞击、局部未振实、冻害、火灾、酸类腐蚀、碱集料反应等，当这些损伤仅仅在结构的表面或局部，不影响其使用和外观。 （3）对混凝土结构出现的裂缝，经分析研究后如果不影响结构的安全和使用
加固处理	针对危及承载力的质量缺陷的处理	—
返工处理	当工程质量缺陷经过返修处理后仍不能满足规定的质量标准要求，或不具备补救可能性	（1）某防洪堤坝填筑压实后，其压实土的干密度未达到规定值，经核算将影响土体的稳定且不满足抗渗能力的要求，须挖除不合格土，重新填筑，进行返工处理。 （2）某公路桥梁工程预应力按规定张拉系数为1.3，而实际仅为0.8，属严重的质量缺陷，也无法返修，只能返工处理。 （3）某工厂设备基础的混凝土浇筑时掺入木质素磺酸钙减水剂，因施工管理不善，掺量多于规定7倍、导致混凝土坍落度大于180mm，石子下沉，混凝土结构不均匀。浇筑后5d仍然不凝固硬化，28d的混凝土实际强度不到规定强度的32%不得不返工重浇
限制使用	按返修方法处理后无法保证达到规定的使用要求和安全要求，而又无法返工处理的情况下采用	—
不作处理	（1）不影响结构安全、生产工艺和使用要求的质量缺陷	某些部位的混凝土表面的裂缝，经检查分析，属于表面养护不够的干缩微裂，不影响使用和外观
	（2）后道工序可以弥补的质量缺陷	（1）混凝土结构表面的轻微麻面，可通过后续的抹灰、刮涂、喷涂等弥补。 （2）混凝土现浇楼面的平整度偏差达到10mm，但由于后续垫层和面层的施工可以弥补
	（3）法定检测单位鉴定合格的工程	某检验批混凝土试块强度值不满足规范要求，强度不足，但经法定检测单位对混凝土实体强度进行实际检测后，其实际强度达到规范允许和设计要求值
	（4）出现质量缺陷的工程，经检测鉴定达不到设计要求，但经原设计单位核算，仍能满足结构安全和使用功能的	某一结构构件截面尺寸不足，或材料强度不足，影响结构承载力，但按实际情况进行复核验算后仍能满足设计要求的承载力时，可不进行专门处理
报废处理	上述处理方法后仍不能满足规定的质量要求或标准，则必须予以报废处理	—

 提示　几个方法中，不作处理的规定要重点记忆，对举例内容也要掌握。
　　返修处理和不作处理关键的区别是：返修是不影响使用和外观，不作处理不影响安全和外观。

2Z104050 建设行政管理部门对施工质量的监督管理

【考点1】施工质量监督管理的制度（☆☆☆☆）

1. 工程质量监督管理的性质与权限 [17、19、20 单选，17、21 第二批多选]

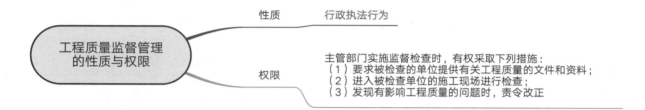

工程质量监督管理的性质与权限

性质——行政执法行为

权限——主管部门实施监督检查时，有权采取下列措施：
（1）要求被检查的单位提供有关工程质量的文件和资料；
（2）进入被检查单位的施工现场进行检查；
（3）发现有影响工程质量的问题时，责令改正

 提示 区分两个概念：

工程实体质量监督，是指主管部门对涉及工程主体结构安全、主要使用功能的工程实体质量情况实施监督。

工程质量行为监督，是指主管部门对工程质量责任主体和质量检测等单位履行法定质量责任和义务的情况实施监督。

2. 政府质量监督的内容 [13、16、19、20 多选]

（1）执行法律法规和工程建设强制性标准的情况

（2）抽查涉及工程主体结构安全和主要使用功能的工程实体质量

（3）抽查工程质量责任主体和质量检测等单位的工程质量行为

（4）抽查主要建筑材料、建筑构配件的质量

（5）对工程竣工验收进行监督

（6）组织或者参与工程质量事故的调查处理

（7）定期对本地区工程质量状况进行统计分析

（8）依法对违法违规行为实施处罚

【考点2】施工质量监督管理的实施（☆☆☆☆☆）

[13、14、15、16、17、18、19、20、21 第一批、21 第二批、22 单选，14、15、18、21 第一批、22 多选]

实施程序	问题	采分点
受理质量监督手续	工程质量监督申报手续申报是什么时间？	工程项目开工前
	工程质量监督申报手续由谁申报？	建设单位
	建设工程质量监督申报手续，审查合格后应签发什么文件？	质量监督文件

实施程序	问题	采分点
制定工作计划并组织实施	开工前第一次进行监督检查的重点是什么?	参与工程建设各方主体的质量行为
	第一次监督检查的主要内容包括哪些?	（1）检查参与工程项目建设各方的质量保证体系建立情况。 （2）审查参与建设各方的工程经营资质证书和相关人员的执业资格证书。 （3）审查按建设程序规定的开工前必须办理的各项建设行政手续是否齐全完备。 （4）审查施工组织设计、监理规划等文件以及审批手续。 （5）检查结果的记录保存
对工程实体质量和工程质量责任主体等质量行为的抽查、抽测	政府质量监督机构对工程实体质量和责任主体的质量行为采取"双随机、一公开"的检查方式和"互联网＋监管"模式，其检查的内容主要有?	参与工程建设各方的质量行为及质量责任制的履行情况，工程实体质量和质量控制资料的完成情况
	"双随机、一公开"是指什么?	随机抽取检查对象，随机选派监督检查人员，及时公开检查情况和查处结果
	对工程项目建设中的结构主要部位怎样检查?	除进行常规检查外，监督机构还应在分部工程验收时进行监督
	质量验收证明在什么时间报送工程质量监督机构备案?	在验收后 3d 内
	质量验收证明由谁签字?	施工、设计、监理和建设单位
	质量验收证明由谁报送备案?	建设单位
	监督机构对查实的问题签发什么处理意见?	"质量问题整改通知单"或"局部暂停施工指令单"
	监督机构对问题严重的单位根据问题的性质采取什么处理措施?	临时收缴资质证书通知书
监督工程竣工验收	监督机构对工程竣工验收工作进行监督的内容包括哪些?	（1）竣工验收前，针对质量问题的整改情况进行复查。 （2）竣工验收时，参加竣工验收的会议，对验收的组织形式、程序等进行监督
形成质量监督报告	质量监督报告备案应符合什么规定?	编制工程质量监督报告，提交到竣工验收备案部门，对不符合验收要求的责令改正。对存在的问题进行处理，并向备案部门提出书面报告
建立工程质量监督档案	监督档案按什么建立?	单位工程
	由谁签字后归档?	经监督机构负责人签字后归档

2Z105010　职业健康安全管理体系与环境管理体系

【考点1】职业健康安全与环境管理体系标准（☆☆☆）

1．职业健康安全管理体系标准 [19、21 第二批单选]

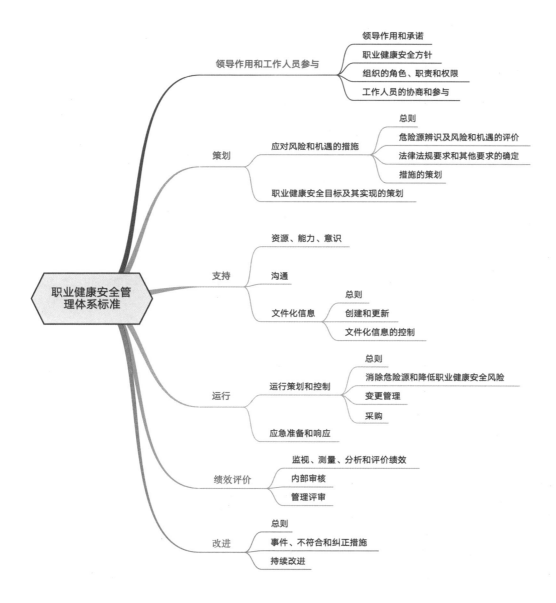

2．环境管理体系标准 [13、20、22 单选，20 多选]

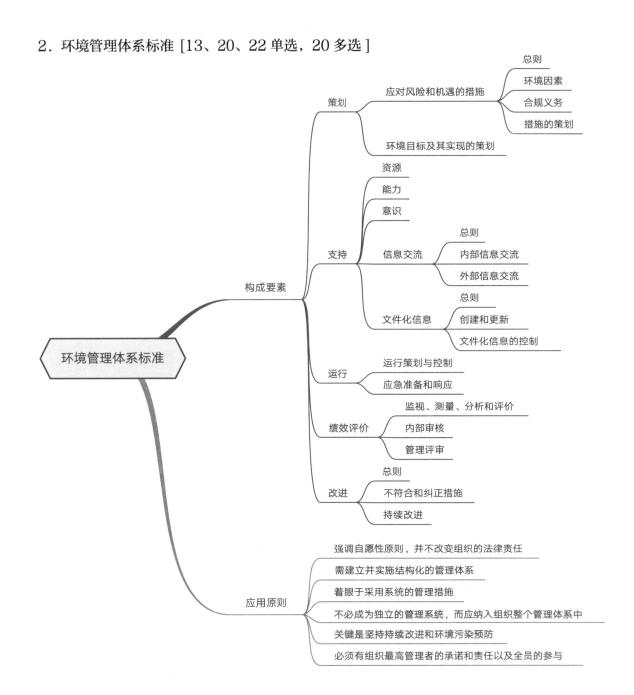

【考点2】职业健康安全与环境管理的目的和要求（☆☆☆☆）

1．施工职业健康安全与环境管理的目的

对于建设工程项目，建设工程施工职业健康安全管理的目的是?	防止和减少生产安全事故、保护产品生产者的健康与安全、保障人民群众的生命和财产免受损失
对于建设工程项目，建设工程施工环境管理的目的是?	保护和改善施工现场的环境

2. 施工职业健康安全与环境管理的要求 [16、21第一批、21第二批、22单选，14、17、18、22多选]

施工职业健康安全管理的基本要求	（1）坚持安全第一、预防为主和防治结合的方针，建立职业健康安全管理体系并持续改进职业健康安全管理工作。 （2）施工企业在其经营生产的活动中必须对本企业的安全生产负全面责任。企业的法定代表人是安全生产的第一负责人，项目经理是施工项目生产的主要负责人。施工企业应当具备安全生产的资质条件，取得安全生产许可证的施工企业应设立安全生产管理机构，配备合格的专职安全生产管理人员，并提供必要的资源。项目负责人和专职安全生产管理人员应持证上岗。 （3）在工程设计阶段，设计单位应按照有关建设工程法律法规的规定和强制性标准的要求，进行安全保护设施的设计；对涉及施工安全的重点部分和环节在设计文件中应进行注明，并对防范生产安全事故提出指导意见，防止因设计考虑不周而导致生产安全事故的发生；对于采用新结构、新材料、新工艺的建设工程和特殊结构的建设工程，设计文件中提出保障施工作业人员安全和预防生产安全事故的措施和建议。 （4）在工程施工阶段，施工企业应根据风险预防要求和项目的特点，制定职业健康安全生产技术措施计划。 （5）建设工程实行总承包的，由总承包单位对施工现场的安全生产负总责并自行完成工程主体结构的施工。分包单位应当接受总承包单位的安全生产管理，分包合同中应当明确各自的安全生产方面的权利、义务。分包单位不服从管理导致生产安全事故的，由分包单位承担主要责任，总承包和分包单位对分包工程的安全生产承担连带责任。 （6）施工企业应按有关规定必须为从事危险作业的人员在现场工作期间办理意外伤害保险。 （7）现场应将生产区与生活、办公区分离，配备紧急处理医疗设施，使现场的生活设施符合卫生防疫要求，采取防暑、降温、保温、消毒、防毒等措施
施工环境管理的基本要求	（1）涉及依法划定的自然保护区、风景名胜区、生活饮用水水源保护区及其他需要特别保护的区域时，工程施工应符合国家有关法律法规及该区域内建设工程项目环境管理的规定。 （2）建设工程应当采用节能、节水等有利于环境与资源保护的建筑设计方案、建筑材料、建筑构配件及设备。建筑材料和装修材料必须符合国家标准。禁止生产、销售和使用有毒、有害物质超过国家标准的建筑材料和装修材料。 （3）建设工程项目中防治污染的设施，必须与主体工程同时设计、同时施工、同时投产使用。防治污染的设施必须经原审批环境影响报告书的环境保护行政主管部门验收合格后，该建设工程项目方可投入生产或者使用。 （4）尽量减少建设工程施工所产生的噪声对周围生活环境的影响。 （5）拟采取的污染防治措施应确保污染物排放达到国家和地方规定的排放标准，满足污染物总量控制要求；涉及可能产生放射性污染的，应采取有效预防和控制放射性污染措施。 （6）应采取生态保护措施，有效预防和控制生态破坏。 （7）禁止引进不符合我国环境保护规定要求的技术和设备。 （8）任何单位不得将产生严重污染的生产设备转移给没有污染防治能力的单位使用

【考点3】职业健康安全管理体系与环境管理体系的建立和运行（☆☆☆☆☆）

[14、15、16、17、18、19、21第一批单选，15、16、19、20、21第一批、21第二批多选]

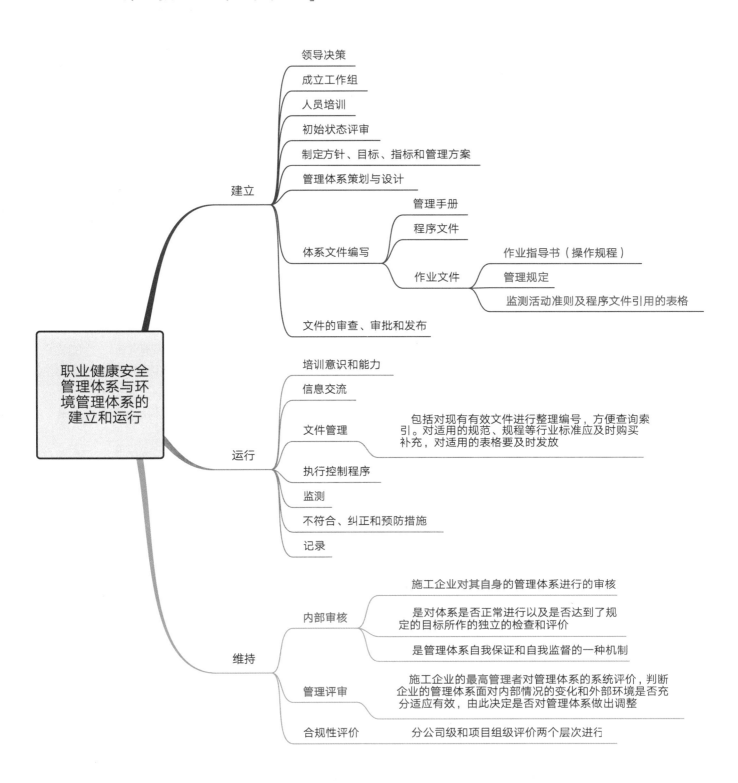

2Z105020 施工安全生产管理

【考点1】安全生产管理制度（☆☆☆☆☆）

1. 安全生产责任制度

（1）是最基本的安全管理制度，是所有安全生产管理制度的核心。

（2）生产经营单位主要负责人是本单位安全生产第一责任人。

（3）实行总承包的由总承包单位负责，分包单位向总包单位负责，服从总包单位对施工现场的安全管理，分包单位在其分包范围内建立施工现场安全生产管理制度，并组织实施。

（4）施工现场应按工程项目大小配备专（兼）职安全人员。以建筑工程为例，可按建筑面积1万 m^2 以下的工地至少有一名专职人员；1万 m^2 以上的工地设 2～3 名专职人员。

2. 安全生产许可证制度 [20单选]

（1）安全生产许可证的有效期为3年。安全生产许可证有效期满需要延期的，企业应当于期满前3个月向原安全生产许可证颁发管理机关办理延期手续。

（2）企业在安全生产许可证有效期内，严格遵守有关安全生产的法律法规，未发生死亡事故的，安全生产许可证有效期届满时，经原安全生产许可证颁发管理机关同意，不再审查，安全生产许可证有效期延期3年。

3. 政府安全生产监督检查制度

（1）国务院负责安全生产监督管理的部门依照《安全生产法》的规定，对全国建设工程安全生产工作实施综合监督管理。

（2）县级以上地方人民政府负责安全生产监督管理的部门依照《安全生产法》的规定，对本行政区域内建设工程安全生产工作实施综合监督管理。

（3）国务院建设行政主管部门对全国的建设工程安全生产实施监督管理。

（4）县级以上地方人民政府建设行政主管部门对本行政区域内的建设工程安全生产实施监督管理。

4．安全生产教育培训制度 [14、19 单选，14、18、20 多选]

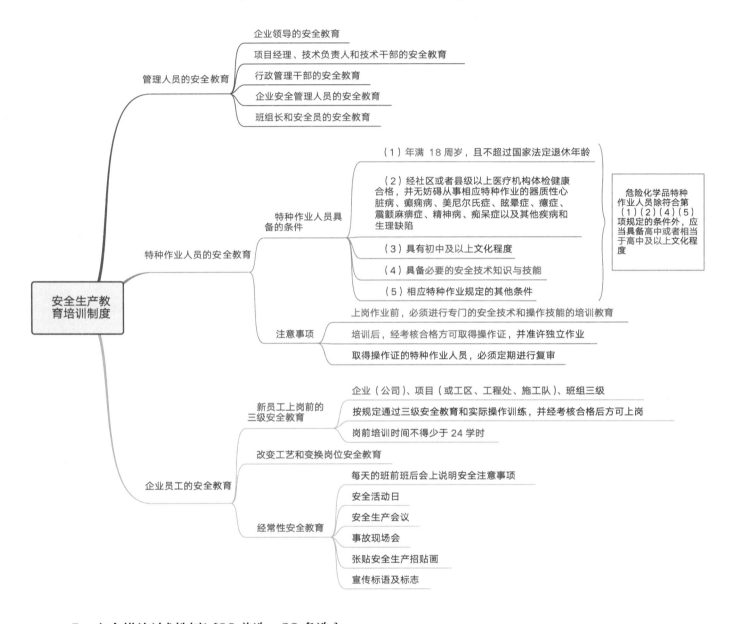

5．安全措施计划制度 [22 单选，22 多选]

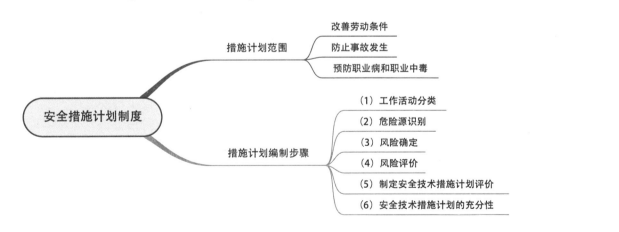

6．特种作业人员持证上岗制度 [22 单选]

特种作业操作证，每 3 年复审一次。

连续从事本工种 10 年以上的，严格遵守有关安全生产法律法规的，经原考核发证机关或者从业所在地考核发证机关同意，特种作业操作证的复审时间可以延长至每 6 年 1 次。

离开特种作业岗位达 6 个月以上的特种作业人员，应当重新进行实际操作考核，经确认合格后方可上岗作业。

7．专项施工方案专家论证制度 [17、19 多选]

编制专项施工方案的工程	基坑支护与降水工程；土方开挖工程；模板工程；起重吊装工程；脚手架工程；拆除、爆破工程
签字人员	施工单位技术负责人、总监理工程师
现场监督人员	专职安全生产管理人员
组织专家论证	涉及深基坑、地下暗挖工程、高大模板工程的专项施工方案，施工单位应当组织专家进行论证、审查

8．严重危及施工安全的工艺、设备、材料淘汰制度

《建设工程安全生产管理条例》第四十五条规定，国家对严重危及施工安全的工艺、设备、材料实行淘汰制度。

9．施工起重机械使用登记制度 [17 单选]

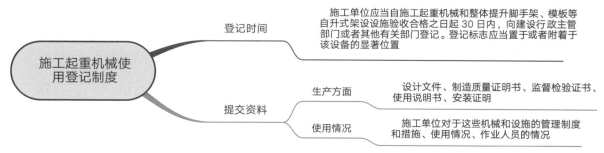

10．安全检查制度 [14 单选]

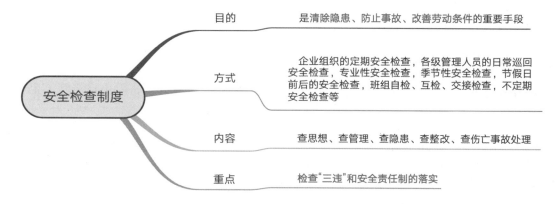

11. 生产安全事故报告和调查处理制度

《安全生产法》第八十三条规定	生产经营单位发生生产安全事故后，事故现场有关人员应当立即报告本单位负责人。单位负责人接到事故报告后，应当迅速采取有效措施，组织抢救，防止事故扩大，减少人员伤亡和财产损失，并按照国家有关规定立即如实报告当地负有安全生产监督管理职责的部门，不得隐瞒不报、谎报或者迟报，不得故意破坏事故现场、毁灭有关证据
《建设工程安全生产管理条例》第五十条规定	施工单位发生生产安全事故，应当按照国家有关伤亡事故报告和调查处理的规定，及时、如实地向负责安全生产监督管理的部门、建设行政主管部门或者其他有关部门报告。特种设备发生事故的，还应当同时向特种设备安全监督管理部门报告。接到报告的部门应当按照国家有关规定，如实上报

12. "三同时"制度

"三同时"制度是指凡是我国境内新建、改建、扩建的基本建设项目（工程），技术改建项目（工程）和引进的建设项目，其安全生产设施必须符合国家规定的标准，必须与主体工程同时设计、同时施工、同时投入生产和使用。

 常见的干扰选项有"同时运营""同时验收"。

13. 安全预评价制度

安全预评价是根据建设项目可行性研究报告内容，分析和预测该建设项目可能存在的危险、有害因素的种类和程度，提出合理可行的安全对策措施及建议。

14. 工伤和意外伤害保险制度 [15、19 单选]

工伤保险是属于法定的强制性保险。
为从事危险作业的职工投保意外伤害险并非强制性规定，是否投保意外伤害险由建筑施工企业自主决定。

【考点2】危险源的识别和风险控制（☆☆☆☆）
[15、17、18、19、20、21第一批单选，21第二批多选]

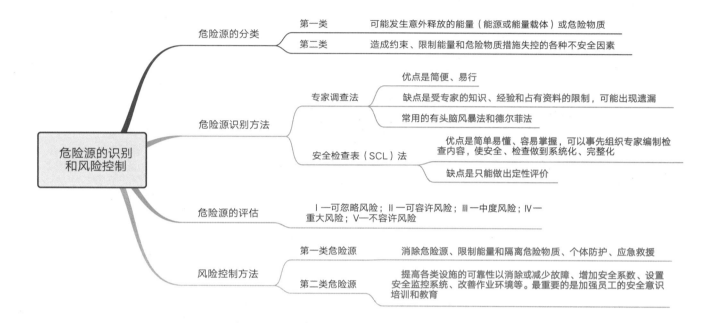

危险源的识别和风险控制	危险源的分类	第一类	可能发生意外释放的能量（能源或能量载体）或危险物质
		第二类	造成约束、限制能量和危险物质措施失控的各种不安全因素
	危险源识别方法	专家调查法	优点是简便、易行
			缺点是受专家的知识、经验和占有资料的限制，可能出现遗漏
			常用的有头脑风暴法和德尔菲法
		安全检查表（SCL）法	优点是简单易懂、容易掌握，可以事先组织专家编制检查内容，使安全、检查做到系统化、完整化
			缺点是只能做出定性评价
	危险源的评估		Ⅰ—可忽略风险；Ⅱ—可容许风险；Ⅲ—中度风险；Ⅳ—重大风险；Ⅴ—不容许风险
	风险控制方法	第一类危险源	消除危险源、限制能量和隔离危险物质、个体防护、应急救援
		第二类危险源	提高各类设施的可靠性以消除或减少故障、增加安全系数、设置安全监控系统、改善作业环境等。最重要的是加强员工的安全意识培训和教育

【考点3】安全隐患的处理（☆☆☆☆）[14、16、17、18、20、21第二批、22单选]

处理原则	说明	
冗余安全度处理原则	在处理安全隐患时应考虑设置多道防线，即使有一两道防线无效，还有冗余的防线可以控制事故隐患	举例：道路上有一个坑，既要设防护栏及警示牌，又要设照明及夜间警示红灯
单项隐患综合处理原则	人、机、料、法、环境五者任一环节产生安全隐患，都要从五者安全匹配的角度考虑，调整匹配的方法，提高匹配的可靠性	举例：某工地发生触电事故，一方面要进行人的安全用电操作教育，同时现场也要设置漏电开关，对配电箱、用电电路进行防护改造，也要严禁非专业电工乱接乱拉电线
直接隐患与间接隐患并治原则	对人机环境系统进行安全治理，同时还需治理安全管理措施	
预防与减灾并重处理原则	治理安全事故隐患时，需尽可能减少肇发事故的可能性，如果不能控制事故的发生，也要设法将事故等级降低	
重点处理原则	按对隐患的分析评价结果实行危险点分级治理，也可以用安全检查表打分对隐患危险程度分级	
动态处理原则	对生产过程进行动态随机安全化治理，生产过程中发现问题及时治理，既可以及时消除隐患，又可以避免小的隐患发展成大的隐患	

提示　考试时会考核举例，注意掌握。

2Z105030 生产安全事故应急预案和事故处理

【考点1】生产安全事故应急预案的内容（☆☆☆☆）

[14、16、18、19、21第二批单选，14多选]

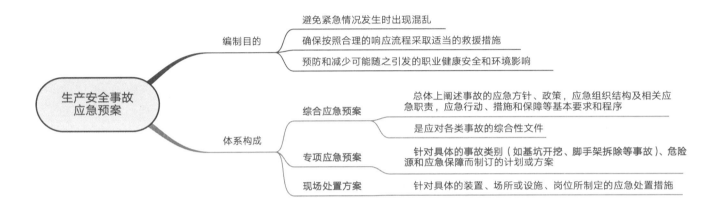

提示

重点区分专项应急预案与现场处置方案，基坑开挖、脚手架拆除需要编制专项应急预案。

【考点2】生产安全事故应急预案的管理（☆☆☆）

[16、17、20、21第一批、21第二批单选]

管理五部分	重要采分点
评审	参加应急预案评审的人员应当包括应急预案涉及的政府部门工作人员和有关安全生产及应急管理方面的专家。 评审人员与所评审预案的施工单位有利害关系的，应当回避
公布	施工单位的应急预案经评审或者论证后，由本单位主要负责人签署公布，并及时发放到本单位有关部门、岗位和相关应急救援队伍
备案	地方各级人民政府应急管理部门的应急预案，应当报同级人民政府备案，同时抄送上一级人民政府应急管理部门，并依法向社会公布。 地方各级人民政府其他负有安全生产监督管理职责的部门的应急预案，应当抄送同级人民政府应急管理部门

续表

管理五部分	重要采分点
实施	每年至少组织一次综合应急预案演练或者专项应急预案演练。 每半年至少组织一次现场处置方案演练。 有下列情形之一的，应急预案应当及时修订并归档： （1）依据的法律、法规、规章、标准及上位预案中的有关规定发生重大变化的； （2）应急指挥机构及其职责发生调整的； （3）面临的事故风险发生重大变化的； （4）重要应急资源发生重大变化的； （5）预案中的其他重要信息发生变化的； （6）在应急演练和事故应急救援中发现问题； （7）编制单位认为应当修订的其他情况
监督管理	各级人民政府应急管理部门和煤矿安全监察机构应当将生产经营单位应急预案工作纳入年度监督检查计划，明确检查的重点内容和标准，并严格按照计划开展执法检查。 地方各级人民政府应急管理部门应当每年对应急预案的监督管理工作情况进行总结，并报上一级人民政府应急管理部门

【考点 3】职业健康安全事故的分类和处理（☆☆☆☆☆）

1．职业健康安全事故的分类 [17、18、21 第一批、22 单选]

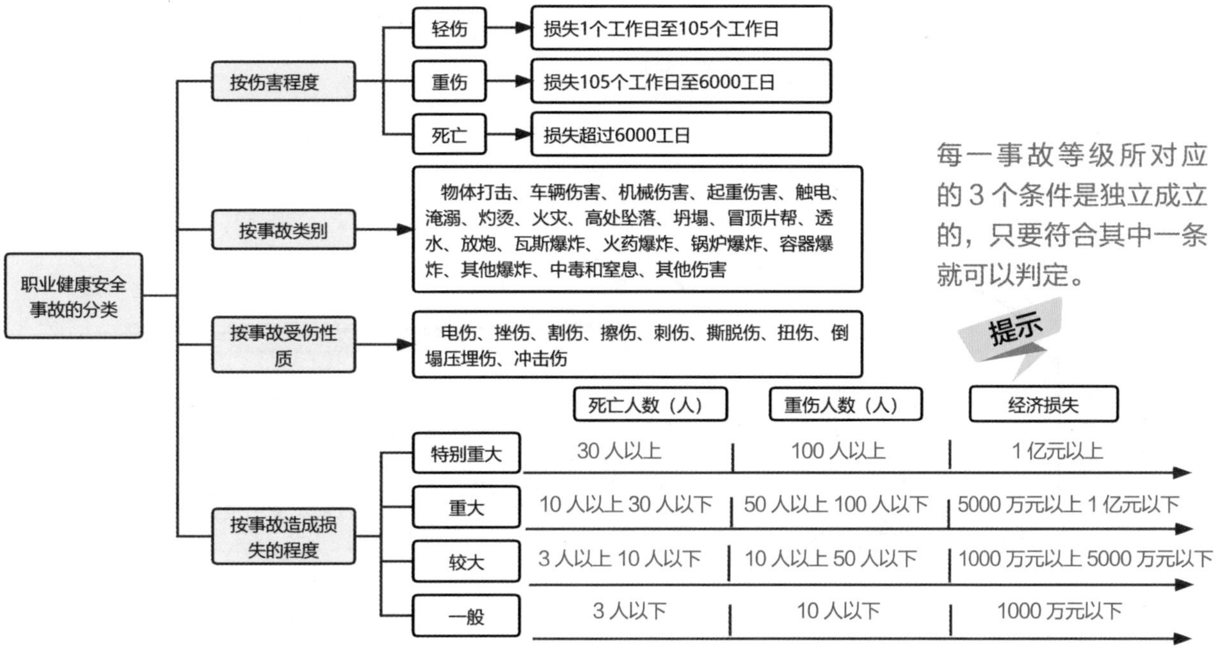

每一事故等级所对应的 3 个条件是独立成立的，只要符合其中一条就可以判定。

提示

2. 施工生产安全事故报告与事故调查 [13、15 单选，16、19 多选]

事故	施工单位的报告	监管部门的报告	事故报告内容	事故调查报告的内容
特别重大事故	受伤者或最先发现事故的人员向施工单位负责人报告。 施工单位负责人接到报告后，应当在 1h 内向事故发生地县级以上人民政府建设主管部门和有关部门报告。 实行施工总承包的建设工程，由总承包单位负责上报事故。 情况紧急时，事故现场有关人员可以直接向事故发生地县级以上人民政府建设主管部门和有关部门报告	逐级上报至国务院建设主管部门	（1）事故发生的时间、地点和工程项目、有关单位名称。 （2）事故的简要经过。 （3）事故已经造成或者可能造成的伤亡人数（包括下落不明的人数）和初步估计的直接经济损失。 （4）事故的初步原因。 （5）事故发生后采取的措施及事故控制情况。 （6）事故报告单位或报告人员。 （7）其他应当报告的情况	（1）事故发生单位概况。 （2）事故发生经过和事故救援情况。 （3）事故造成的人员伤亡和直接经济损失。 （4）事故发生的原因和事故性质。 （5）事故责任的认定和对事故责任者的处理建议。 （6）事故防范和整改措施
重大事故				
较大事故				
一般事故		逐级上报至省、自治区、直辖市人民政府建设主管部门		

提示　建设主管部门按照上述规定逐级上报事故情况时，每级上报的时间不得超过 2h。

3. 施工生产安全事故的处理 [14、22 单选]

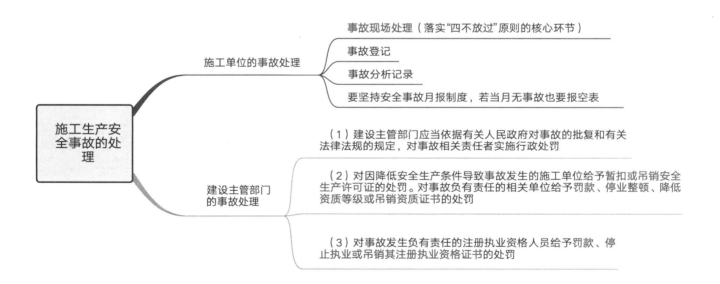

施工生产安全事故的处理
- 施工单位的事故处理
  - 事故现场处理（落实"四不放过"原则的核心环节）
  - 事故登记
  - 事故分析记录
  - 要坚持安全事故月报制度，若当月无事故也要报空表
- 建设主管部门的事故处理
  - （1）建设主管部门应当依据有关人民政府对事故的批复和有关法律法规的规定，对事故相关责任者实施行政处罚
  - （2）对因降低安全生产条件导致事故发生的施工单位给予暂扣或吊销安全生产许可证的处罚。对事故负有责任的相关单位给予罚款、停业整顿、降低资质等级或吊销资质证书的处罚
  - （3）对事故发生负有责任的注册执业资格人员给予罚款、停止执业或吊销其注册执业资格证书的处罚

4. 事故报告和调查处理的违法行为及法律责任 [15 单选，13、15、17、18、21 第一批、21 第二批、22 多选]

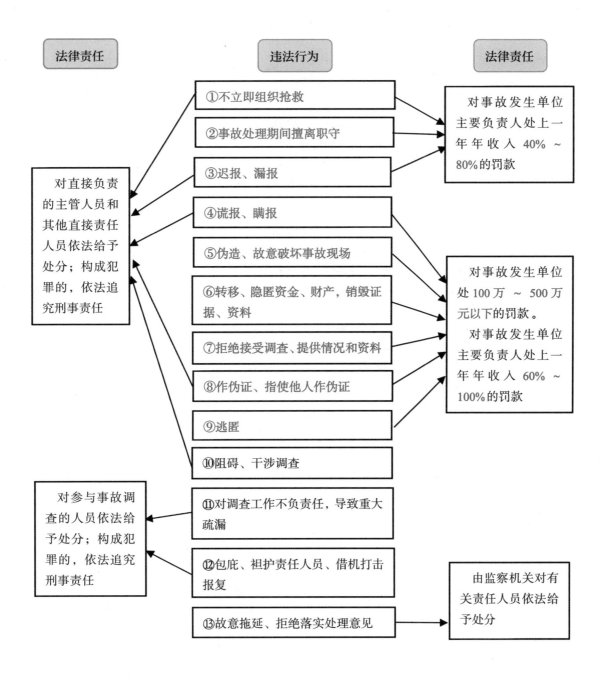

2Z105040 施工现场文明施工和环境保护的要求

【考点1】施工现场文明施工的要求（☆☆☆☆☆）

[14、15、16、17、18、19、20、21第一批、21第二批、22单选]

措施		内容
组织措施		（1）建立文明施工的管理组织。确立以项目经理为现场文明施工的第一责任人。 （2）健全文明施工的管理制度
管理措施	现场围挡设计	工地四周设置连续、密闭的砖砌围墙，与外界隔绝进行封闭施工。市区主要路段和其他涉及市容景观路段的工地设置围挡的高度不低于2.5m，其他工地的围挡高度不低于1.8m
	现场工程标志牌设计	按照文明工地标准，严格按照相关文件规定的尺寸和规格制作各类工程标志牌。"五牌一图"，即工程概况牌、管理人员名单及监督电话牌、消防保卫（防火责任）牌、安全生产牌、文明施工牌和施工现场平面图
	临设布置	集体宿舍与作业区隔离，人均床铺面积不小于$2m^2$，适当分隔，防潮、通风，采光性能良好。按规定架设用电线路，严禁任意拉线接电，严禁使用电炉和明火烧煮食物。对于重要材料设备，搭设相应适用存储保护的场所或临时设施
	成品、半成品、原材料堆放	严格按施工组织设计中的平面布置图划定的位置堆放成品、半成品和原材料，所有材料应堆放整齐
	现场场地和道路	场内道路要平整、坚实、畅通。主要场地应硬化，并设置相应的安全防护设施和安全标志。施工现场内有完善的排水措施，不允许有积水存在
	现场卫生管理	食堂必须有卫生许可证，并应符合卫生标准，生、熟食操作应分开，熟食操作时应有防蝇间或防蝇罩。禁止使用食用塑料制品作熟食容器，炊事员和茶水工需持有效的健康证明和上岗证。 建筑垃圾必须集中堆放并及时清运
	文明施工教育	（1）现场施工人员均佩戴胸卡，按工种统一编号管理。 （2）进行多种形式的文明施工教育，如例会、报栏、录像及辅导，参观学习。 （3）强调全员管理的概念，提高现场人员的文明施工的意识

【考点2】施工现场环境保护的要求（☆☆☆☆☆）

1. 环境保护的要求 [22多选]

环境保护的要求
- 工程施工前，应进行现场环境调查
- 工程的施工组织设计中应有防治扬尘、噪声、固体废物和废水等污染环境的有效措施，并在施工作业中认真组织实施
- 施工现场应建立环境保护管理体系，层层落实、责任到人，并保证有效运行
- 对施工现场防治扬尘、噪声、水污染及环境保护管理工作进行检查
- 定期对职工进行环保法规知识的培训考核

2. 施工现场环境污染的处理 [13、14、15、17、18、19、20、21第二批、22单选，13多选]

（1）大气污染的处理

（2）水污染的处理

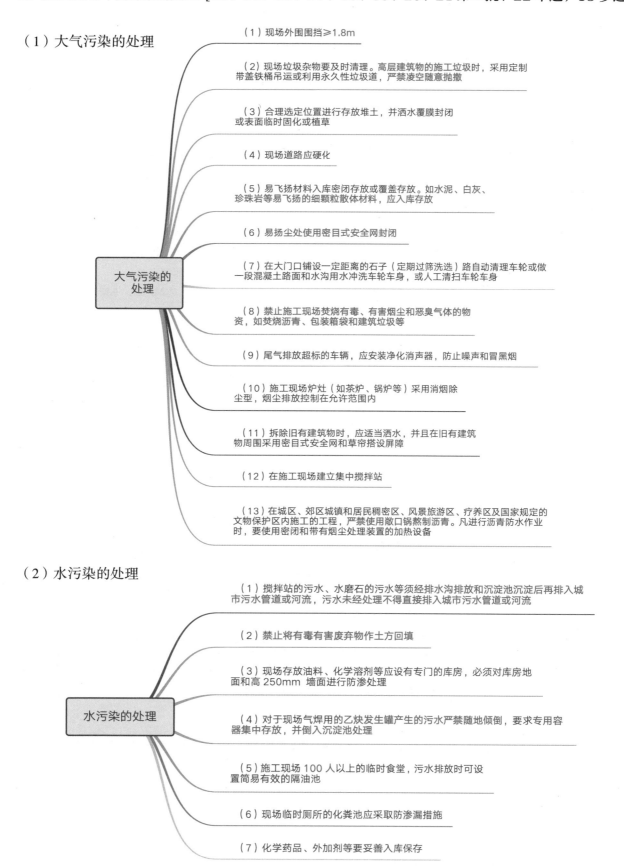

大气污染的处理

（1）现场外围围挡≥1.8m

（2）现场垃圾杂物要及时清理。高层建筑物的施工垃圾时，采用定制带盖铁桶吊运或利用永久性垃圾道，严禁凌空随意抛撒

（3）合理选定位置进行存放堆土，并洒水覆膜封闭或表面临时固化或植草

（4）现场道路应硬化

（5）易飞扬材料入库密闭存放或覆盖存放。如水泥、白灰、珍珠岩等易飞扬的细颗粒散体材料，应入库存放

（6）易扬尘处使用密目式安全网封闭

（7）在大门口铺设一定距离的石子（定期过筛洗选）路自动清理车轮或做一段混凝土路面和水沟用水冲洗车轮车身，或人工清扫车轮车身

（8）禁止施工现场焚烧有毒、有害烟尘和恶臭气体的物资，如焚烧沥青、包装箱袋和建筑垃圾等

（9）尾气排放超标的车辆，应安装净化消声器，防止噪声和冒黑烟

（10）施工现场炉灶（如茶炉、锅炉等）采用消烟除尘型，烟尘排放控制在允许范围内

（11）拆除旧有建筑物时，应适当洒水，并且在旧有建筑物周围采用密目式安全网和草帘搭设屏障

（12）在施工现场建立集中搅拌站

（13）在城区、郊区城镇和居民稠密区、风景旅游区、疗养区及国家规定的文物保护区内施工的工程，严禁使用敞口锅熬制沥青。凡进行沥青防水作业时，要使用密闭和带有烟尘处理装置的加热设备

水污染的处理

（1）搅拌站的污水、水磨石的污水等须经排水沟排放和沉淀池沉淀后再排入城市污水管道或河流，污水未经处理不得直接排入城市污水管道或河流

（2）禁止将有毒有害废弃物作土方回填

（3）现场存放油料、化学溶剂等应设有专门的库房，必须对库房地面和高250mm 墙面进行防渗处理

（4）对于现场气焊用的乙炔发生罐产生的污水严禁随地倾倒，要求专用容器集中存放，并倒入沉淀池处理

（5）施工现场100 人以上的临时食堂，污水排放时可设置简易有效的隔油池

（6）现场临时厕所的化粪池应采取防渗漏措施

（7）化学药品、外加剂等要妥善入库保存

（3）噪声污染的处理

（1）合理布局施工场地，优化作业方案和运输方案，
尽量降低施工现场附近敏感点的噪声强度

（2）在人口密集区进行较强噪声施工时，避开晚 10 时到次日早 6 时的作业

（3）夜间运输材料的车辆进入施工现场，严禁鸣笛和乱轰油门

（4）进入施工现场不得高声喊叫和乱吹哨，不得无故甩打模板、
钢筋铁件和工具设备等，严禁使用高音喇叭、机械设备空转和不应
应当的碰撞其他物件

噪声污染
的处理

（5）加强各种机械设备的维修保养，缩短维修保养周期

尽量选用低噪声设备和工艺来代替高噪声设备和工艺，降低噪声

（6）降低噪声或转移声源　声源处安装消声器消声，降低噪声

加工成品、半成品的作业，尽量放在工厂车间生产，转移声源

（7）采取吸声、隔声等声学处理的方法来降低噪声

（8）建筑施工过程中场界环境噪声不得超过昼间 70dB（A），夜间 55dB（A）

（4）固体废物污染的处理

（1）施工现场设立专门的固体废弃物临时贮存场所，用砖砌成池，废弃物
应分类存放，对有可能造成二次污染的废弃物必须单独贮存、设置安全防范
措施且有醒目标识

（2）固体废弃物的运输应采取分类、密封、覆盖，避免泄漏、
遗漏，并送到政府批准的单位或场所进行处理

固体废
物污染
的处理

（3）施工现场应使用环保型的建筑材料、工器具、临时设施、灭火
器和各种物质的包装箱袋等，减少固体废弃物污染

（4）提高工程施工质量，减少或杜绝工程返工，避免产生
固体废弃物污染

（5）施工中及时回收使用落地灰和其他施工材料，做到工完料尽，减少固
体废弃物污染

2Z106000 施工合同管理

微信扫一扫
查看更多考点视频

2Z106010 施工发承包模式

【考点1】施工发承包的主要类型（☆☆☆☆☆）

1. 施工平行发承包模式、总承包模式、总承包管理模式的合同结构和特点 [13、14、15、16、17、18、20、21第一批、21第二批、22单选]

项目	平行发承包	施工总承包	施工总承包管理
合同结构	业主分别与多个施工单位签合同	业主委托一个施工单位（多个施工单位的联合体）作为总包，承担执行和组织的总的责任	业主委托总承包管理单位一般负责施工组织和管理，如果想承担部分实体工程施工，可以通过投标取得
工作程序	部分施工图完成，即可招标	全部施工图完成，再招标	可提前到设计阶段，部分施工图完成，即可招标
费用控制	早期控制不利	早期控制有利	投资控制不利，只确定管理费
进度控制	缩短建设周期，业主招标时间多	总进度控制不利	缩短建设周期
质量控制	有利于质量控制（他人控制）	对总承包依赖大，质量好坏取决于总承包的管理和技术水平	有利于质量控制（他人控制）
合同管理	合同数量多，管理工作量大	一次招标，管理工作量小，对业主有利	合同数量多，管理工作量大
组织协调	工作量大，对业主不利	工作量小，对业主有利	减轻业主的工作量（这种委托形式的基本出发点）

 提示　注意区分三种模式的概念，在此基础上理解相关知识点。

施工总承包	施工+管理
施工总承包管理	一般只做管理，想施工可以通过投标取得

2．施工总承包模式和施工总承包管理模式的比较 [13、14、16、19、21第一批单选，15、17、20、21第二批多选]

	比较	施工总承包	施工总承包管理
不同	开展工作程序	全部施工图设计完成后招投标，再施工	不依赖完整的施工图，工程可化整为零。每完成一部分工程的施工图就招标一部分。 可以在很大程度上缩短建设周期，有利于进度控制
	合同关系	与自行分包签订合同	（1）业主与分包签订。 （2）总承包管理单位与分包签订
	对分包的选择	业主认可，总包选择	所有分包业主决策，总包管理单位认可
	对分包的付款	总包直接支付	业主支付（经其认可），总包管理单位支付（便于管理）
	合同价格	总造价，赚取总包与分包之间的差价	合同总价不是一次确定，某一部分施工图设计完成以后，再进行该部分工程的施工招标，确定该部分工程的合同价，因此整个项目的合同总额的确定较有依据。 所有分包合同和分供货合同的发包，都通过招标获得有竞争力的投标报价，对业主方节约投资有利。 施工总承包管理单位只收取总包管理费，不赚总包与分包之间的差价。 业主对分包单位的选择具有控制权
相同		总承包单位的责任和义务，对分包的总体管理和服务	

【考点2】施工招标与投标（☆☆☆☆☆）

1．施工招标 [16、17、20、21第一批单选，16、18、19、21第一批多选]

招标信息的发布		依法必须招标项目的招标公告和公示信息除在发布媒介发布外，招标人或其招标代理机构也可以同步在其他媒介公开，并确保内容一致。其他媒介可以依法转载，但不得改变其内容，同时必须注明信息来源。 拟发布的招标公告和公示信息文本应当由招标人或其招标代理机构盖章，并由主要负责人或其授权的项目负责人签名
招标信息的修正	时限	招标人对已发出的招标文件进行必要的澄清或者修改，应当在招标文件要求提交投标文件截止时间至少15日前发出
	形式	所有澄清文件必须以书面形式进行
	全面	所有澄清文件必须直接通知所有招标文件收受人
标前会议		标前会议是招标人按投标须知规定的时间和地点召开的会议。 标前会议上，招标人应介绍工程概况、对招标文件中的某些内容加以修改或补充说明，解答投标人书面提出的问题和会议上即席提出的问题。 会议结束后，招标人应将会议纪要用书面通知的形式发给每一个投标意向者。对问题的答复不需要说明问题来源。 会议纪要和答复函件形成招标文件的补充文件，都是招标文件的有效组成部分，与招标文件具有同等法律效力。当补充文件与招标文件内容不一致时，应以补充文件为准。 招标人可以根据实际情况在标前会议上确定延长投标截止时间

续表

评标	评标分为评标的准备、初步评审、详细评审、编写评标报告等过程。 初步评审主要是进行符合性审查，即重点审查投标书是否实质上响应了招标文件的要求。 审查内容包括：投标资格审查、投标文件完整性审查、投标担保的有效性、与招标文件是否有显著的差异和保留等。另外还要对报价计算的正确性进行审查，如果计算有误，通常的处理方法是：大小写不一致的以大写为准，单价与数量的乘积之和与所报的总价不一致的应以单价为准；标书正本和副本不一致的，则以正本为准。 详细评审是评标的核心，是对标书进行实质性审查，包括技术评审和商务评审。 评标结束应该推荐中标候选人。评标委员会推荐的中标候选人应当限定在 1 ~ 3 人

2. 施工投标 [17、18、21 第二批单选，22 多选]

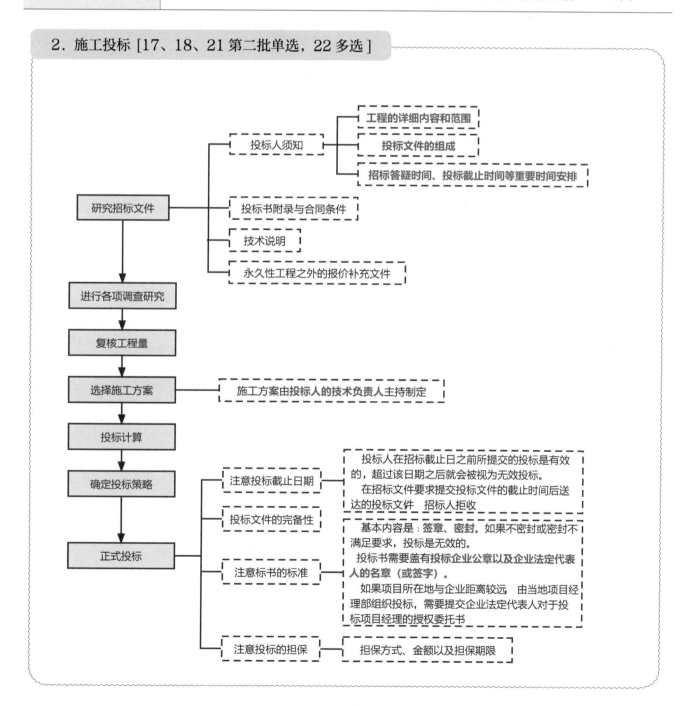

2Z106020 施工合同与物资采购合同

【考点1】施工承包合同的主要内容（☆☆☆☆☆）

1. 发包人的责任与义务 [14、15、16、20单选]

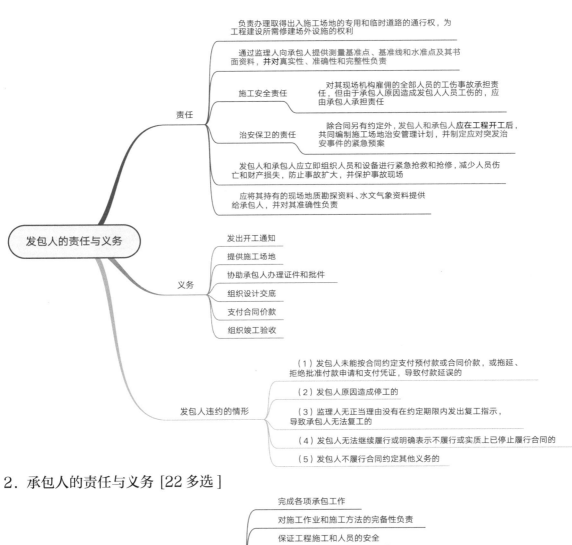

2. 承包人的责任与义务 [22多选]

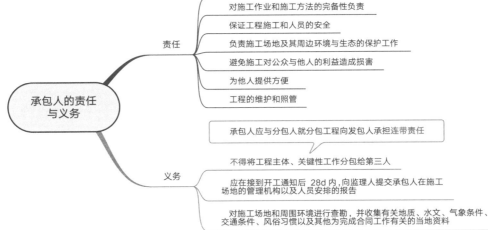

3. 进度控制的主要条款内容 [14、16、21第一批、21第二批单选，18、20、21第一批多选]

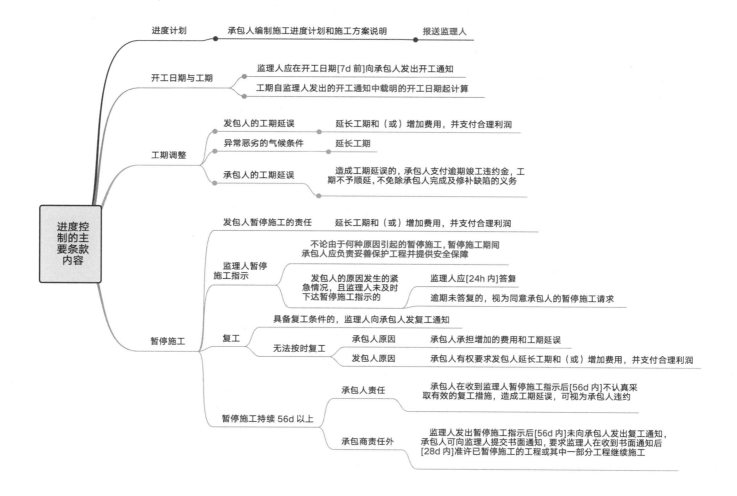

4. 质量控制的主要条款内容 [15、17、22单选]

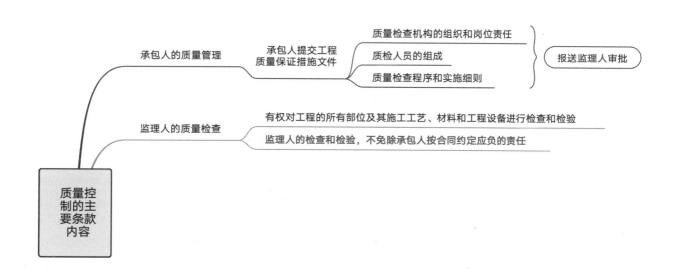

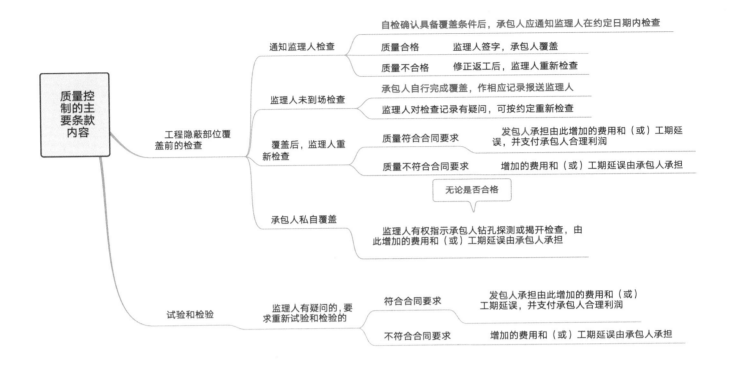

5. 费用控制的主要条款内容 [22 单选, 16 多选]

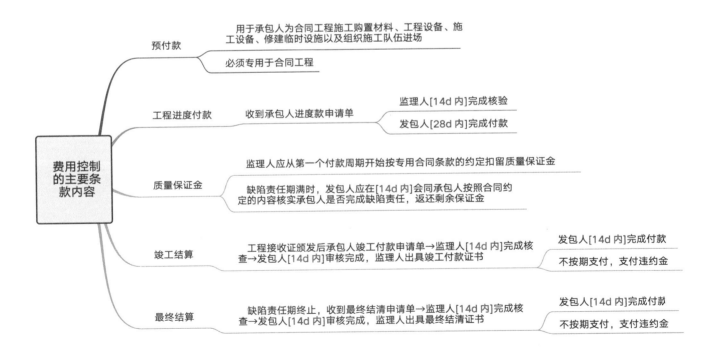

6. 竣工验收

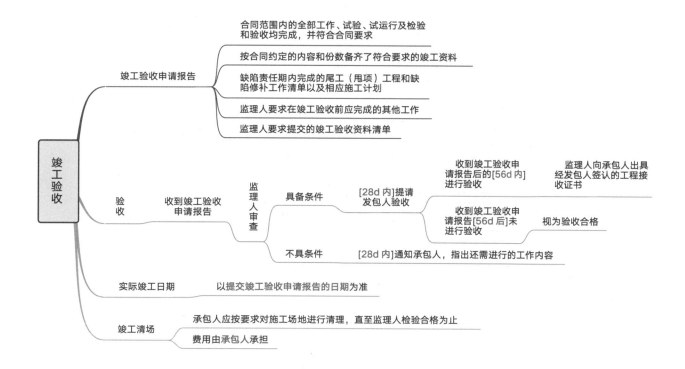

 提示　注意上述条款内容中的数据。

7. 缺陷责任与保修责任 [16、20 单选，17 多选]

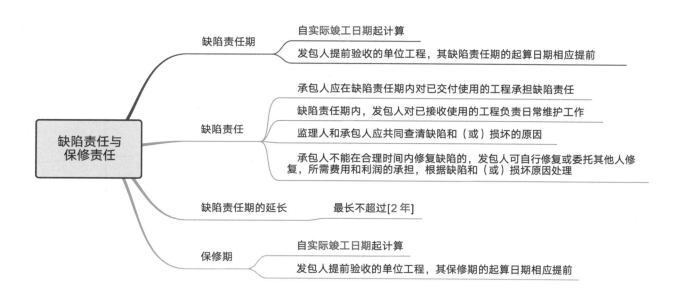

【考点2】施工专业分包合同的内容（☆☆☆☆☆）

1. 工程承包人（总承包单位）的主要责任和义务 [14 单选，22 多选]

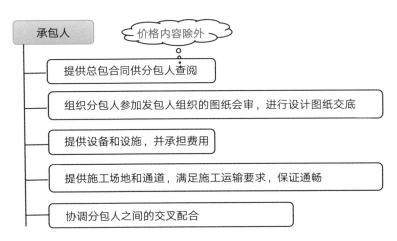

2. 专业工程分包人的主要责任和义务 [13、17、18、19、21 第一批单选，13、15、21 第二批多选]

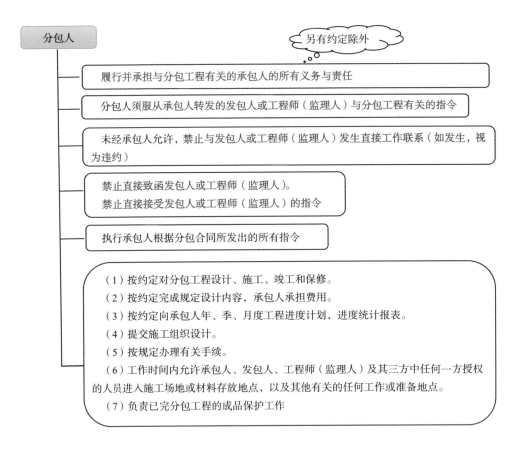

 提示 本考点在考试中考核以判断正误的表述题为主。这部分内容是经常会考核的采分点，而且会重复考核。

3. 合同价款及支付 [13、17 单选]

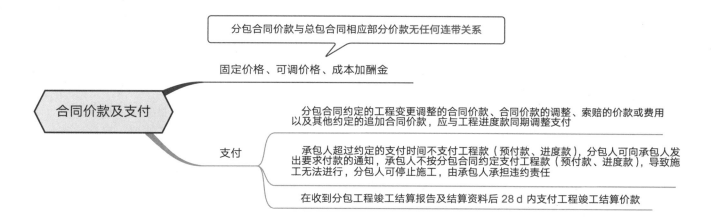

合同价款及支付
- 固定价格、可调价格、成本加酬金
  - 分包合同价款与总包合同相应部分价款无任何连带关系
- 支付
  - 分包合同约定的工程变更调整的合同价款、合同价款的调整、索赔的价款或费用以及其他约定的追加合同价款，应与工程进度款同期调整支付
  - 承包人超过约定的支付时间不支付工程款（预付款、进度款），分包人可向承包人发出要求付款的通知，承包人不按分包合同约定支付工程款（预付款、进度款），导致施工无法进行，分包人可停止施工，由承包人承担违约责任
  - 在收到分包工程竣工结算报告及结算资料后 28 d 内支付工程竣工结算价款

【考点 3】施工劳务分包合同的内容（☆☆☆☆☆）

1. 工程承包人的主要义务 [13 单选]

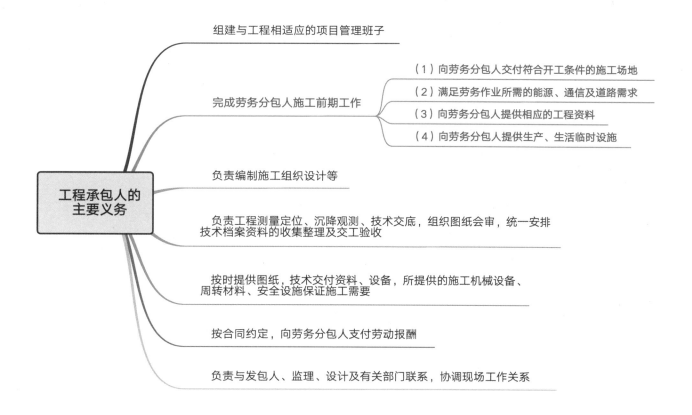

工程承包人的主要义务
- 组建与工程相适应的项目管理班子
- 完成劳务分包人施工前期工作
  - （1）向劳务分包人交付符合开工条件的施工场地
  - （2）满足劳务作业所需的能源、通信及道路需求
  - （3）向劳务分包人提供相应的工程资料
  - （4）向劳务分包人提供生产、生活临时设施
- 负责编制施工组织设计等
- 负责工程测量定位、沉降观测、技术交底，组织图纸会审，统一安排技术档案资料的收集整理及交工验收
- 按时提供图纸，技术交付资料、设备，所提供的施工机械设备、周转材料、安全设施保证施工需要
- 按合同约定，向劳务分包人支付劳动报酬
- 负责与发包人、监理、设计及有关部门联系，协调现场工作关系

2. 劳务分包人的主要义务 [20 单选，19 多选]

（1）对劳务分包范围内的工程质量向工程承包人负责，组织具有相应资格证书的熟练工人投入工作；未经工程承包人授权或允许，不得擅自与发包人及有关部门建立工作联系；自觉遵守法律法规及有关规章制度。

（2）严格按照设计图纸、施工验收规范、有关技术要求及施工组织设计精心组织施工，确保工程质量达到约定的标准；科学安排作业计划，投入足够的人力、物力，保证工期；加强安全教育，认真执行安全技术规范，严格遵守安全制度，落实安全措施，确保施工安全；加强现场管理，严格执行建设主管部门及环保、消防、环卫等有关部门对施工现场的管理规定，做到文明施工；承担由于自身责任造成的质量修改、返工、工期拖延、安全事故、现场脏乱造成的损失及各种罚款。

（3）自觉接受工程承包人及有关部门的管理、监督和检查；接受工程承包人随时检查其设备、材料保管、使用情况，及其操作人员的有效证件、持证上岗情况；与现场其他单位协调配合，照顾全局。

（4）劳务分包人须服从工程承包人转发的发包人及工程师（监理人）的指令。

（5）除非合同另有约定，劳务分包人应对其作业内容的实施、完工负责，劳务分包人应承担并履行总(分)包合同约定的、与劳务作业有关的所有义务及工作程序。

3. 关于办理保险的规定 [15、17、18、19、21 第一批、22 单选]

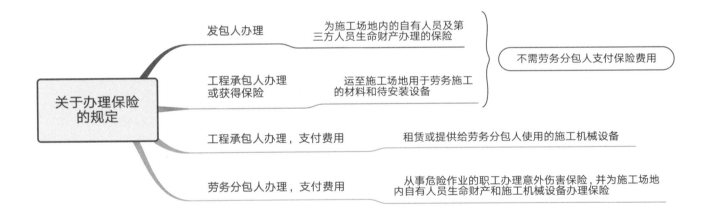

【考点4】物资采购合同的主要内容（☆☆☆）

1. 建筑材料采购合同的主要内容 [13、18 单选，14、21 第一批、21 第二批多选]

 提示 关于交货期限要准确记忆，此知识点不难理解，但是却容易做错。

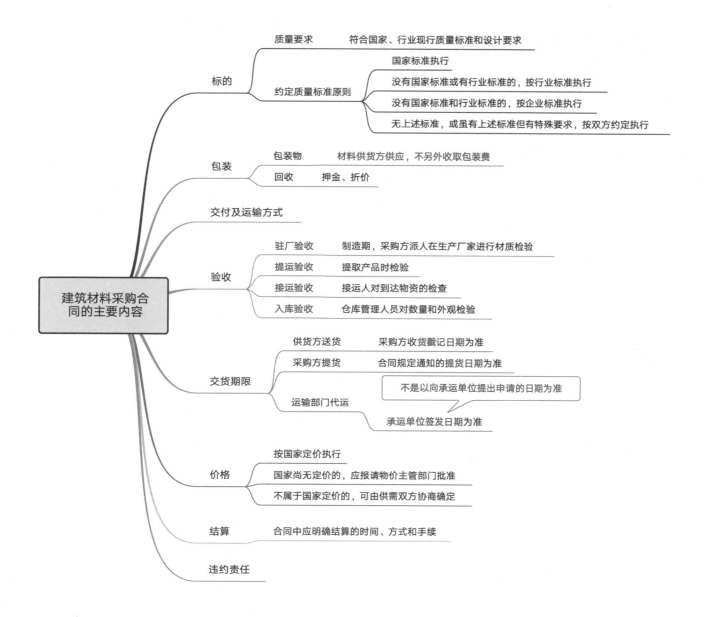

2.设备采购合同的主要内容 [22 单选]

成套设备供应合同的一般条款可参照建筑材料供应合同的一般条款，主要注意以下几个方面：

（1）设备采购合同通常采用固定总价合同，在合同交货期内价格不进行调整。合同价内应该包括设备的税费、运杂费、保险费等与合同有关的其他费用。

（2）明确设备名称、套数、随主机的辅机、附件、易损耗备用品、配件和安装修理工具等，应于合同中列出详细清单。

（3）应注明设备系统的主要技术性能，以及各部分设备的主要技术标准和技术性能。

（4）合同可以约定设备安装工作由供货方负责还是采购方负责。

2Z106030 施工合同计价方式

[13、15、17、18、19、20、21第一批、22单选，14、16、21第一批多选]

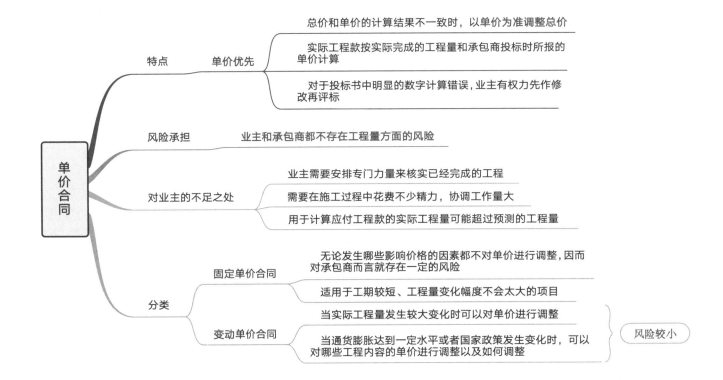

【考点2】总价合同（☆☆☆☆☆）

[14、15、16、17、19单选，13、17、18、19、20、22多选]

1. 固定总价合同

风险承担	适用情况	说明
承包商承担了工程量和价格双重风险（业主风险最小）。价格风险有报价计算错误、漏报项目、物价和人工费上涨等。工作量风险有工程量计算错误、工程范围不确定、工程变更或者由于设计深度不够所造成的误差等	（1）工程量小、工期短，估计在施工过程中环境因素变化小，工程条件稳定并合理。 （2）工程设计详细，图纸完整、清楚，工程任务和范围明确。 （3）工程结构和技术简单，风险小。 （4）投标期相对宽裕，承包商可以有充足的时间详细考察现场，复核工程量，分析招标文件，拟订施工计划。 （5）合同条件中双方的权利和义务十分清楚，合同条件完备	可以约定，在发生重大工程变更、累计工程变更超过一定幅度或者其他特殊条件下可以对合同价格进行调整。报价中不可避免地要增加一笔较高的不可预见风险费

2．变动总价合同

风险承担	价格调整规定	
	示范文本规定	建设周期一年半以上的工程项目
通货膨胀等不可预见因素的风险由业主承担	（1）法律、行政法规和国家有关政策变化影响合同价款。 （2）工程造价管理部门公布的价格调整。 （3）一周内非承包人原因停水、停电、停气造成的停工累计超过8h。 （4）双方约定的其他因素	考虑下列因素引起的价格变化问题： （1）劳务工资以及材料费用的上涨。 （2）其他影响工程造价的因素，如运输费、燃料费、电力等价格的变化。 （3）外汇汇率的不稳定。 （4）国家或者省、市立法的改变引起的工程费用的上涨

3．总价合同的特点

（1）总价优先。

（2）发包单位可以在报价竞争状态下确定项目的总造价，可以较早确定或者预测工程成本。

（3）业主的风险较小，承包人将承担较多的风险。

（4）评标时易于迅速确定最低报价的投标人。

（5）在施工进度上能极大地调动承包人的积极性。

（6）发包单位能更容易、更有把握地对项目进行控制。

（7）必须完整而明确地规定承包人的工作。

（8）必须将设计和施工方面的变化控制在最小限度内。

【考点3】成本加酬金合同（☆☆☆☆☆）

1．成本加酬金合同的特点和适用条件 [14、16、18、19 单选]

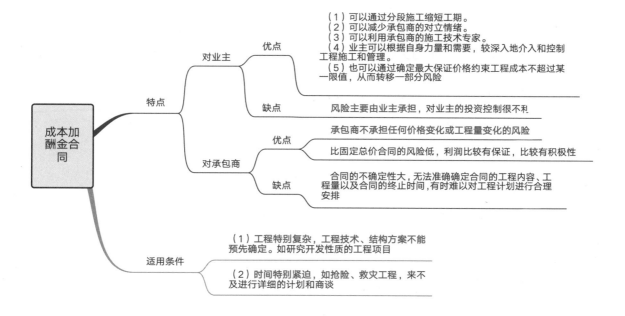

2. 成本加酬金合同的形式 [15、16、18、19、20、22 单选，14、15 多选]

类型	特点	适用情况
成本加固定费用合同	确定一笔固定数目的报酬金额作为管理费及利润，对人工、材料、机械台班等直接成本则实报实销。如果设计变更或增加新项目，当直接费超过原估算成本的一定比例（如10%）时，固定的报酬也要增加	总成本估计不准，可能变化不大
成本加固定比例费用合同	工程成本中直接费加一定比例的报酬费，报酬部分的比例在签订合同时由双方确定。不利于缩短工期和降低成本	初期很难描述工作范围、性质，工期紧迫，无法按常规编制招标文件招标
成本加奖金合同	底点：工程成本估算的60%~75%，以下，可加大酬金值或酬金百分比。 顶点：工程成本估算的110%~135%，以下，可得到奖金；以上，罚款	招标时，图纸、规范等准备不充分，仅能制订一个估算指标
最大成本加费用合同	当设计深度达到可以报总价的深度，投标人报一个工程成本总价和一个固定的酬金（包括各项管理费、风险费和利润）	非代理型（风险型）CM模式的合同中

 提示 单价合同、总价合同、成本加酬金合同对比：

	总价合同	单价合同	成本加酬金合同
应用范围	广泛	工程量暂不确定的工程	紧急工程、保密工程等
业主的投资控制工作	容易	工作量较大	难度大
业主的风险	较小	较大	很大
承包商的风险	大	较小	无
设计深度要求	施工图设计	初步设计或施工图设计	设计阶段

2Z106040 施工合同执行过程的管理

【考点1】施工合同跟踪与控制（☆☆☆☆）

[14、16、19 单选，17、18、21 第二批多选]

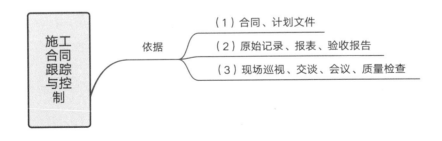

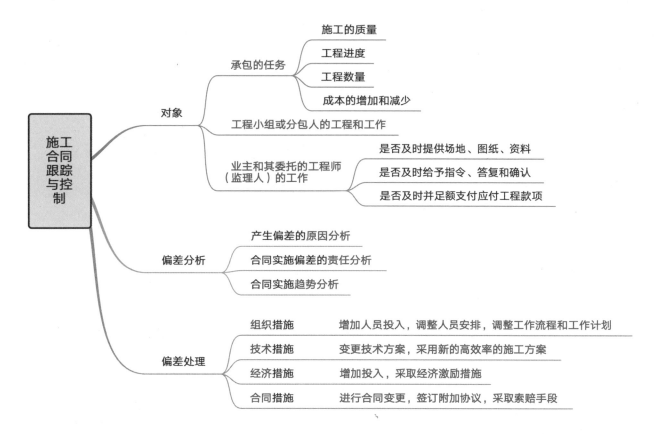

【考点2】施工合同变更管理（☆☆☆☆☆）

1. 变更的范围和内容 [14、21 第二批、22 单选，16、19、21 第一批多选]

合同变更是指合同成立以后和履行完毕以前由双方当事人依法对合同的内容所进行的修改，包括合同价款、工程内容、工程的数量、质量要求和标准、实施程序等的一切改变都属于合同变更。

根据《标准施工招标文件》中的通用合同条款的规定，除专用合同条款另有约定外，在履行合同中发生以下情形之一，应按照本条规定进行变更：

（1）取消合同中任何一项工作，但被取消的工作不能转由发包人或其他人实施；

（2）改变合同中任何一项工作的质量或其他特性；

（3）改变合同工程的基线、标高、位置或尺寸；

（4）改变合同中任何一项工作的施工时间或改变已批准的施工工艺或顺序；

（5）为完成工程需要追加的额外工作。

口诀助记

一取消——取消一项工作，但被他人实施。
一追加——追加额外工作。
三改变——改变质量、特性，改变基线、标高、位置、尺寸，改变时间、工艺顺序。

2. 变更权和变更程序 [13、15、17、19、21第一批单选，13、15、22多选]

变更权		在履行合同过程中，经发包人同意，监理人可按合同约定的变更程序向承包人作出变更指示，承包人应遵照执行。没有监理人的变更指示，承包人不得擅自变更
变更程序	变更的提出	（1）在合同履行过程中，可能发生通用合同条款约定情形的，监理人可向承包人发出变更意向书。 （2）在合同履行过程中，已经发生通用合同条款约定情形的，监理人应按照合同约定的程序向承包人发出变更指示。 （3）承包人收到监理人按合同约定发出的图纸和文件，经检查认为其中存在约定情形的，可向监理人提出书面变更建议。 监理人收到承包人书面建议后，应与发包人共同研究，确认存在变更的，应在收到承包人书面建议后的14d内作出变更指示。经研究后不同意作为变更的，应由监理人书面答复承包人。 （4）若承包人收到监理人的变更意向书后认为难以实施此项变更，应立即通知监理人，说明原因并附详细依据
	变更指示	变更指示只能由监理人发出。 承包人收到变更指示后，应按变更指示进行变更工作

3. 变更估价 [17、18单选，13、22多选]

变更估价	根据《标准施工招标文件》中通用合同条款规定，除专用合同条款对期限另有约定外，承包人应在收到变更指示或变更意向书后的14d内，向监理人提交变更报价书
变更的估价原则	（1）已标价工程量清单中有适用于变更工作的子目的，采用该子目的单价。 （2）已标价工程量清单中无适用于变更工作的子目，但有类似子目，可在合理范围内参照类似子目的单价，由监理人按总监理工程师与合同当事人商定或确定变更工作的单价。 （3）已标价工程量清单中无适用或类似子目的单价，可按照成本加利润的原则，由监理人按总监理工程师与合同当事人商定或确定变更工作的单价

助记口诀：有适用——采用该单价。
无适用，有类似——参照类似单价。
无适用，无类似——成本加利润。

2Z106050 施工合同的索赔

【考点1】施工合同索赔的依据和证据（☆☆☆☆☆）

1. 施工合同索赔的依据和证据 [16、17多选]

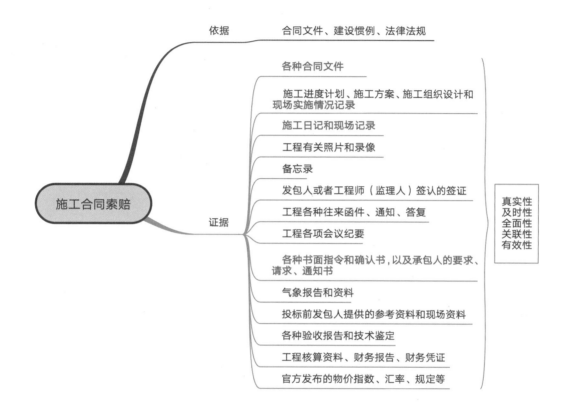

2. 索赔成立的条件及构成索赔条件的事件 [13、17、18、20、21第一批、22单选，14、15、18、19多选]

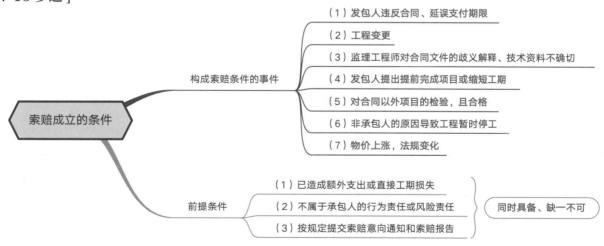

提示 索赔事件是指那些实际情况与合同规定不符合，最终引起工期和费用变化的各类事件。

【考点 2】施工合同索赔的程序（☆☆☆☆☆）

[14、15、16、17、18、19、20、21 第二批、22 单选，13 多选]

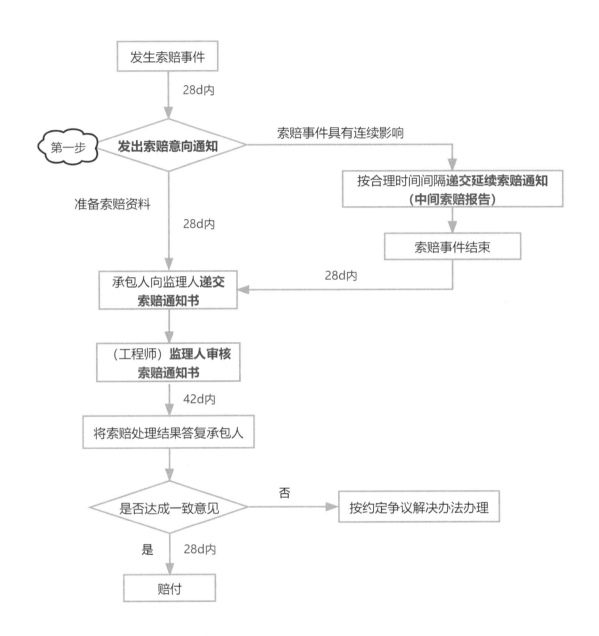

 本考点还要掌握承包人提出索赔的期限。

（1）承包人按合同约定接受了竣工付款证书后，应被认为已无权再提出在合同工程接收证书颁发前所发生的任何索赔。

（2）承包人按合同约定提交的最终结清申请单中，只限于提出工程接收证书颁发后发生的索赔。提出索赔的期限自接受最终结清证书时终止。

2Z106060 建设工程施工合同风险管理、工程保险和工程担保

【考点1】施工合同风险管理（☆☆☆）

1. 工程合同风险分类 [20、21 第二批单选]

按产生原因	合同工程风险	工程进展过程中发生不利的地质条件变化、工程变更、物价上涨、不可抗力
	合同信用风险	业主拖欠工程款，承包商层层转包、非法分包、偷工减料、以次充好、知假买假等
按合同不同阶段	（1）合同订立风险。 （2）合同履约风险	

2. 施工合同风险的类型 [21 第一批单选]

项目外界环境风险	在国际工程中，工程所在国政治环境的变化，如发生战争、禁运、罢工、社会动乱等造成工程施工中断或终止
	经济环境的变化，如通货膨胀、汇率调整、工资和物价上涨
	合同所依据的法律环境的变化，如新的法律颁布，国家调整税率或增加新税种，新的外汇管理政策
	自然环境的变化，如百年不遇的洪水、地震、台风等，以及工程水文、地质条件存在不确定性，复杂且恶劣的气候条件和现场条件
项目组织成员自信和能力风险	业主资信和能力风险
	承包商（分包商、供货商）资信和能力风险
	政府机关工作人员、城市公共供应部门的干预、苛求和个人需求。项目周边或涉及的居民或单位的干预、抗议或苛刻的要求
管理风险	对环境调查和预测的风险
	合同条款不严密、错误、二义性，工程范围和标准存在不确定性
	承包商投标策略错误，错误地理解业主意图和招标文件
	承包商的技术设计、施工方案、施工计划和组织措施存在缺陷和漏洞，计划不周
	实施控制过程中的风险

提示　"对环境调查与预测的风险"属于管理风险，容易判断为项目外界环境风险，应注意。

3. 工程合同风险分配原则

（1）从工程整体效益出发，最大限度发挥双方的积极性，尽可能做到：

① 谁能最有效地（有能力和经验）预测、防止和控制风险，或能有效地降低风险损失，或能将风险转移给其他方面，则应由他承担相应的分配风险责任。

② 承担者控制相关风险是经济的，即能够以最低的成本来承担风险损失，同时他管理风险的成本、自我防范和市场保险费用最低，同时又是有效、方便、可行的。

③ 通过风险分配，加强责任，发挥双方管理和技术革新的积极性等。

（2）公平合理，责权利平衡。

（3）符合现代工程管理理念。

（4）符合工程惯例，即符合通常的工程处理方法。

【考点2】工程保险（☆☆☆）

1. 保险概述

保险标的	是保险保障的目标和实体。 保险可以分为财产保险（包括财产损失保险、责任保险、信用保险等）和人身保险（包括人寿保险、健康保险、意外伤害保险等）两大类，而工程保险既涉及财产保险，也涉及人身保险
保险金额	简称保额，是保险人承担赔偿或给付保险金责任的最高限额
保险费	简称保费，是投保人为转嫁风险支付给保险人的与保险责任相应的价金
保险责任	保险合同内都有除外责任条款，除外责任属于免赔责任，指保险人不承担责任的范围。除外责任不尽相同，但比较一致的有以下几项： （1）投保人故意行为所造成的损失。 （2）因被保险人不忠实履行约定义务所造成的损失。 （3）战争或军事行为所造成的损失。 （4）保险责任范围以外，其他原因所造成的损失

2. 工程保险的种类 [22 单选]

种类	投保	说明
工程一切险	以双方名义共同投保。 国内工程：通常由项目法人办理保险。 国际工程：一般要求承包人办理保险	包括建筑工程一切险、安装工程一切险两类

续表

种类	投保	说明
第三者责任险	被保险人是项目法人和承包人	一般附加在工程一切险中
人身意外伤害险	保险义务分别由发包人、承包人负责对本方参与现场施工的人员投保	建筑施工企业应当依法为职工参加工伤保险缴纳工伤保险费（强制）。鼓励企业为从事危险作业的职工办理意外伤害保险（非强制），支付保险费
承包人设备保险	保险的范围包括承包人运抵施工现场的施工机具和准备用于永久工程的材料及设备	工程一切险包括此项保险内容
执业责任险	以设计人、咨询人（监理人）的设计、咨询错误或员工工作疏漏给业主或承包商造成的损失为保险标的	—
CIP 保险（一揽子保险）	由业主或承包商统一购买，保障范围覆盖业主、承包商及所有分包商	内容包括劳工赔偿、雇主责任、一般责任险、建筑工程一切险、安装工程一切险。 CIP 保险的优点是： （1）以最优的价格提供最佳的保障范围； （2）能实施有效的风险管理； （3）降低赔付率，进而降低保险费率； （4）避免诉讼，便于索赔

【考点 3】工程担保（ ☆☆☆☆ ）

1．担保的方式

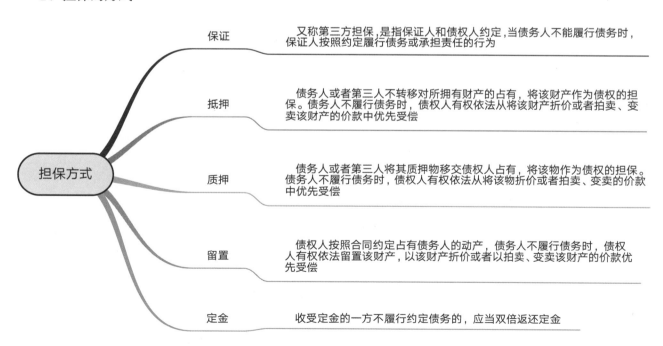

保证：又称第三方担保，是指保证人和债权人约定，当债务人不能履行债务时，保证人按照约定履行债务或承担责任的行为

抵押：债务人或者第三人不转移对所拥有财产的占有，将该财产作为债权的担保。债务人不履行债务时，债权人有权依法从将该财产折价或者拍卖、变卖该财产的价款中优先受偿

担保方式

质押：债务人或者第三人将其质押物移交债权人占有，将该物作为债权的担保。债务人不履行债务时，债权人有权依法从将该物折价或者拍卖、变卖的价款中优先受偿

留置：债权人按照合同约定占有债务人的动产，债务人不履行债务时，债权人有权依法留置该财产，以该财产折价或者以拍卖、变卖该财产的价款优先受偿

定金：收受定金的一方不履行约定债务的，应当双倍返还定金

2. 担保的种类 [19、21第一批、21第二批、22单选]

种类	形式	额度	有效期	作用
投标担保	（1）银行保函。 （2）担保公司担保书。 （3）同业担保书。 （4）投标保证金担保	施工投标保证金的数额一般不得超过投标总价的2%但最高不得超过80万元人民币。 国际上常见的投标担保的保证金数额为2%～5%	投标保证金有效期应当与投标有效期一致	保护招标人不因中标人不签约而蒙受经济损失
履约担保 （最重要，担保金额最大）	（1）银行保函。 （2）履约担保书。（由担保公司或者保险公司开具） （3）履约保证金	履约保证金不得超过中标合同金额的10%	有效期始于工程开工之日，终止日期则可以约定为工程竣工交付之日或者保修期满之日	在很大程度上促使承包商履行合同约定，完成工程建设任务，从而有利于保护业主的合法权益
预付款担保	（1）银行保函。 （2）担保公司提供保证担保。 （3）抵押	一般为合同金额的10%	—	保证承包人能够按合同规定进行施工，偿还发包人已支付的全部预付金额
支付担保	（1）银行保函。 （2）履约保证金。 （3）担保公司担保	支付担保的额度为工程合同总额的20%～25%	发包人的支付担保实行分段滚动担保	通过对业主资信状况进行严格审查并落实各项担保措施，确保工程费用及时支付到位

 提示 投标担保、履约担保、预付款担保保护的都是业主的利益，只有最后一项支付担保是施工方的利益。

2Z107000 施工信息管理

微信扫一扫
查看更多考点视频

2Z107010 施工信息管理的任务和方法

【考点1】施工信息管理的任务（☆☆☆☆）

1. 建设工程项目信息管理的内涵 [14 单选]

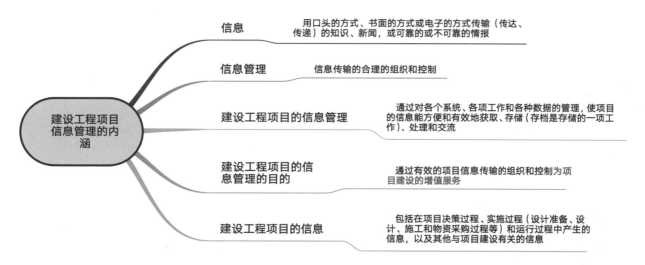

2. 施工项目相关的信息管理工作 [14、15、19、21 第二批、22 单选]

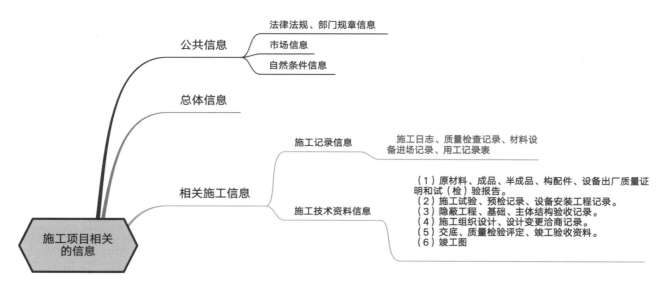

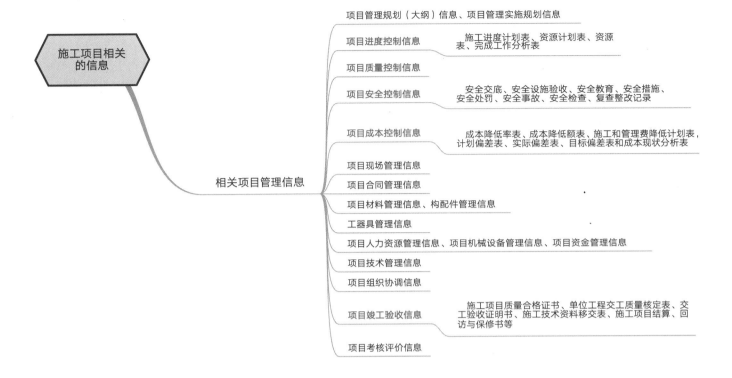

3. 信息管理手册的编制及主要内容 [16 单选]

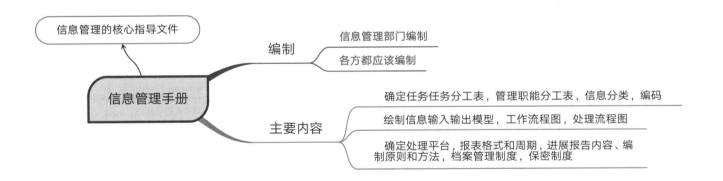

【考点 2】施工信息管理的方法（☆☆☆）[13、17、21 第一批单选]

信息技术的开发和应用	意义
信息存储数字化和存储相对集中	有利于项目信息的检索和查询，有利于数据和文件版本的统一，并有利于项目的文档管理
信息处理和变换的程序化	有利于提高数据处理的准确性、并可提高数据处理的效率
信息传输的数字化和电子化	可提高数据传输的抗干扰能力、使数据传输不受距离限制并可提高数据传输的保真度和保密性
信息获取便捷	
信息透明度提高	有利于项目参与方之间的信息交流和协同工作
信息流扁平化	

2Z107020 施工文件归档管理

【考点1】施工文件归档管理的主要内容（☆☆☆☆）

1. 施工单位在建设工程档案管理中的职责 [13 多选]

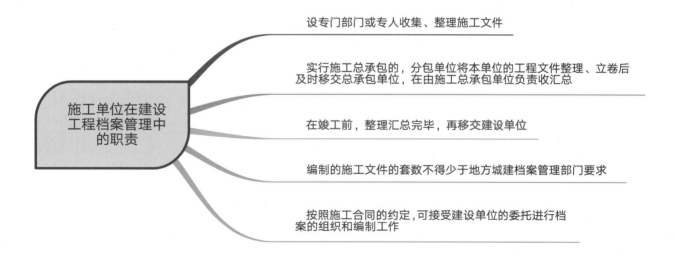

施工单位在建设工程档案管理中的职责

- 设专门部门或专人收集、整理施工文件
- 实行施工总承包的，分包单位将本单位的工程文件整理、立卷后及时移交总承包单位，在由施工总承包单位负责收汇总
- 在竣工前，整理汇总完毕，再移交建设单位
- 编制的施工文件的套数不得少于地方城建档案管理部门要求
- 按照施工合同的约定，可接受建设单位的委托进行档案的组织和编制工作

2. 施工文件档案管理的主要内容 [21 第一批单选，14、15、17、18、20 多选]

 提示

总包范围内分包的移交，总包单位见证；总包和其他分包的移交，建设（监理）单位见证。

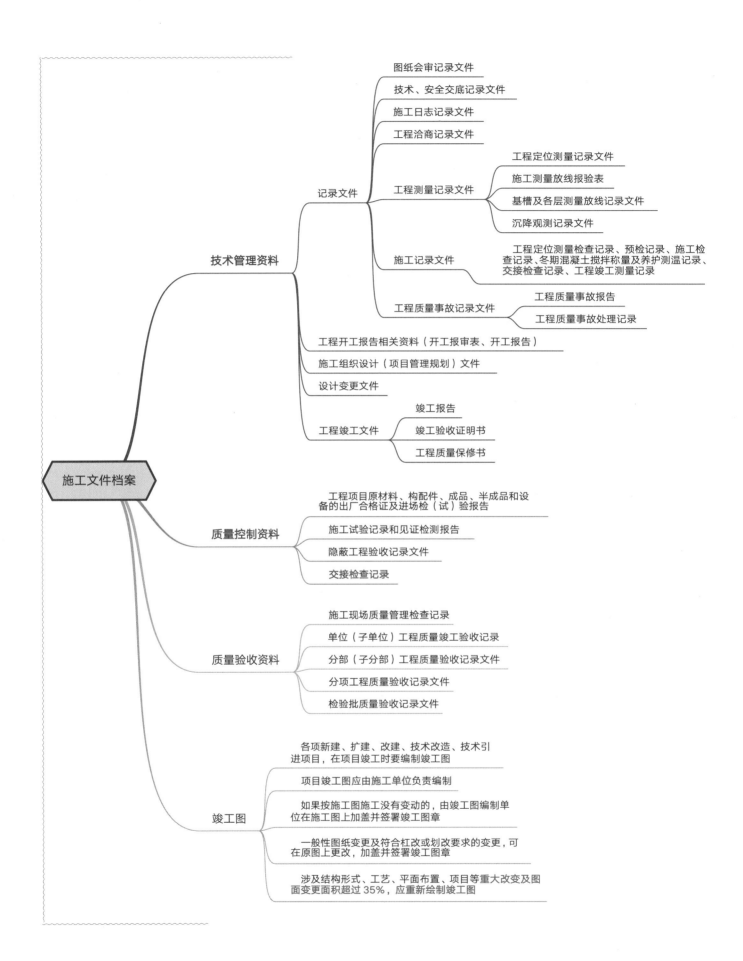

施工文件档案

技术管理资料
- 记录文件
  - 图纸会审记录文件
  - 技术、安全交底记录文件
  - 施工日志记录文件
  - 工程洽商记录文件
  - 工程测量记录文件
    - 工程定位测量记录文件
    - 施工测量放线报验表
    - 基槽及各层测量放线记录文件
    - 沉降观测记录文件
  - 施工记录文件
    - 工程定位测量检查记录、预检记录、施工检查记录、冬期混凝土搅拌称量及养护测温记录、交接检查记录、工程竣工测量记录
  - 工程质量事故记录文件
    - 工程质量事故报告
    - 工程质量事故处理记录
- 工程开工报告相关资料（开工报审表、开工报告）
- 施工组织设计（项目管理规划）文件
- 设计变更文件
- 工程竣工文件
  - 竣工报告
  - 竣工验收证明书
  - 工程质量保修书

质量控制资料
- 工程项目原材料、构配件、成品、半成品和设备的出厂合格证及进场检（试）验报告
- 施工试验记录和见证检测报告
- 隐蔽工程验收记录文件
- 交接检查记录

质量验收资料
- 施工现场质量管理检查记录
- 单位（子单位）工程质量竣工验收记录
- 分部（子分部）工程质量验收记录文件
- 分项工程质量验收记录文件
- 检验批质量验收记录文件

竣工图
- 各项新建、扩建、改建、技术改造、技术引进项目，在项目竣工时要编制竣工图
- 项目竣工图应由施工单位负责编制
- 如果按施工图施工没有变动的，由竣工图编制单位在施工图上加盖并签署竣工图章
- 一般性图纸变更及符合杠改或划改要求的变更，可在原图上更改，加盖并签署竣工图章
- 涉及结构形式、工艺、平面布置、项目等重大改变及图面变更面积超过 35%，应重新绘制竣工图

【考点2】施工文件的立卷（☆☆☆）[22单选]

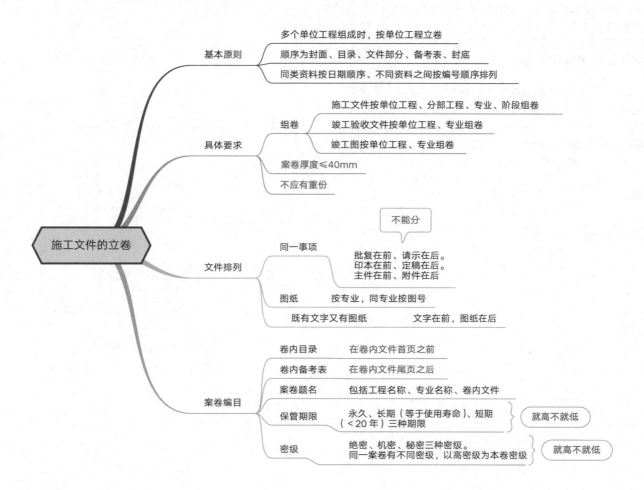

施工文件的立卷

基本原则
- 多个单位工程组成时，按单位工程立卷
- 顺序为封面、目录、文件部分、备考表、封底
- 同类资料按日期顺序、不同资料之间按编号顺序排列

具体要求
- 组卷
  - 施工文件按单位工程、分部工程、专业、阶段组卷
  - 竣工验收文件按单位工程、专业组卷
  - 竣工图按单位工程、专业组卷
- 案卷厚度≤40mm
- 不应有重份

文件排列
- 同一事项【不能分】
  - 批复在前、请示在后。
  - 印本在前、定稿在后。
  - 主件在前、附件在后
- 图纸　按专业，同专业按图号
- 既有文字又有图纸　文字在前，图纸在后

案卷编目
- 卷内目录　在卷内文件首页之前
- 卷内备考表　在卷内文件尾页之后
- 案卷题名　包括工程名称、专业名称、卷内文件
- 保管期限　永久、长期（等于使用寿命）、短期（<20年）三种期限【就高不就低】
- 密级　绝密、机密、秘密三种密级。同一案卷有不同密级，以高密级为本卷密级【就高不就低】

【考点3】施工文件的归档（☆☆☆）[18、21第二批单选，16、19多选]

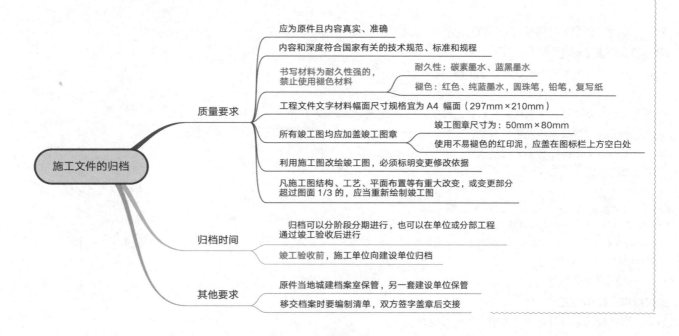

施工文件的归档

质量要求
- 应为原件且内容真实、准确
- 内容和深度符合国家有关的技术规范、标准和规程
- 书写材料为耐久性强的，禁止使用褪色材料
  - 耐久性：碳素墨水、蓝黑墨水
  - 褪色：红色、纯蓝墨水，圆珠笔，铅笔，复写纸
- 工程文件文字材料幅面尺寸规格宜为A4幅面（297mm×210mm）
- 所有竣工图均应加盖竣工图章
  - 竣工图章尺寸为：50mm×80mm
  - 使用不易褪色的红印泥，应盖在图标栏上方空白处
- 利用施工图改绘竣工图，必须标明变更修改依据
- 凡施工图结构、工艺、平面布置等有重大改变，或变更部分超过图面1/3的，应当重新绘制竣工图

归档时间
- 归档可以分阶段分期进行，也可以在单位或分部工程通过竣工验收后进行
- 竣工验收前，施工单位向建设单位归档

其他要求
- 原件当地城建档案室保管，另一套建设单位保管
- 移交档案时要编制清单，双方签字盖章后交接

图书在版编目（CIP）数据

建设工程施工管理考霸笔记 / 全国二级建造师执业
资格考试考霸笔记编写委员会编写 . —北京：中国城市
出版社，2022.10（2023.8 重印）
（全国二级建造师执业资格考试考霸笔记）
ISBN 978-7-5074-3525-2

I.①建… II.①全… III.①建筑工程—施工管理—
资格考试—自学参考资料 IV.① TU71

中国版本图书馆CIP数据核字（2022）第174592号

责任编辑：张国友　李　璇　牛　松
责任校对：党　蕾
书籍设计：强　森

全国二级建造师执业资格考试考霸笔记
建设工程施工管理考霸笔记
全国二级建造师执业资格考试考霸笔记编写委员会　编写
*
中国建筑工业出版社、中国城市出版社出版、发行（北京海淀三里河路9号）
各地新华书店、建筑书店经销
北京海视强森文化传媒有限公司制版
廊坊市海涛印刷有限公司印刷
*
开本：880 毫米 × 1230 毫米　1/16　印张：8　字数：210 千字
2022 年 11 月第一版　2023 年 8 月第二次印刷
定价：58.00 元
ISBN 978-7-5074-3525-2
　　　（905010）